你的未来不再迷茫

NIDE WEILAI
BUZAI MIMANG

李浩天　编著

闪射**理想**之光吧，
心灵之星！
把光流注入，
未来的暮霭之中。
——泰戈尔

煤炭工业出版社
·北京·

图书在版编目（CIP）数据

你的未来，不再迷茫/李浩天编著．--北京：煤炭工业出版社，2018（2022.1 重印）

ISBN 978 - 7 - 5020 - 6456 - 3

Ⅰ.①你…　Ⅱ.①李…　Ⅲ.①成功心理—通俗读物　Ⅳ.①B848.4 - 49

中国版本图书馆 CIP 数据核字（2018）第 015233 号

你的未来　不再迷茫

编　　著	李浩天
责任编辑	马明仁
编　　辑	郭浩亮
封面设计	浩　天

出版发行	煤炭工业出版社（北京市朝阳区芍药居 35 号　100029）
电　　话	010 - 84657898（总编室）
	010 - 64018321（发行部）　010 - 84657880（读者服务部）
电子信箱	cciph612@126.com
网　　址	www.cciph.com.cn
印　　刷	三河市众誉天成印务有限公司
经　　销	全国新华书店

开　　本	880mm×1230mm$^1/_{32}$　印张　8　字数　150 千字
版　　次	2018 年 1 月第 1 版　2022 年 1 月第 4 次印刷
社内编号	9336　　　　　　　　定价　38.80 元

前　言

　　拿破仑说过："最重要的是要懂得怎么把一件事情办好，只有把你自己的事做得十全十美，你才能在和别人的较量中稳占上风。"

　　那么，我们如何才能在和别人的较量中稳占上风呢？一位朋友曾对我说，作为一个企业管理者，你所做的工作就是要求每个职工都要尽自己最大的努力投入工作，为公司创造最大的效益，这在每个公司都是一样的。这不仅是一种行为标准，更是每个人必备的职业道德。

　　只要拥有责任与梦想，色彩和光芒才会普照生命的每一个角落。也许，目前你依旧处于困苦的环境之中，然而不要埋怨，不要怨天尤人，只要你努力工作，窘境很快就能摆脱，并在物质上得到满足。

当然，我们还要有一种敬业精神，我们要做到干一行，爱一行，在工作中一心一意，这样，才能在工作中脱颖而出。

除此之外，我们还需要忠诚，还需要对自己有信心，只有这样，我们才会成功。我们成功了才能有足够的资本为社会做贡献。

的确如此，如果一个团队要成功，必须具备优秀的团队成员，而团队的卓越，也就是优秀员工成功的标志。

把这些标志概括起来就是：对工作，勤奋；对公司，敬业；对老板，忠诚；对自己，自信；对社会，奉献。

目　录

|第二章|

让心灵不再迷茫

|第四章|

让工作更快乐

|第五章|

只做最好的

|第六章|

有一颗忠诚的心

|第七章|

让责任成为一种信仰

第一章

珍惜健康，获得幸福

珍惜生命，珍视健康

> 健康是智慧的条件，是愉快的标志。
>
> ——爱默生

　　只有看透了生活全部意义的人，才不会随便死去，哪怕只有一点机会，就不能放弃生活。一个人只有热爱生活、热爱生命，才能为自己的事业倾注足够的热情，才能在自己的领域中做出杰出的成就。正是由于对生活、对生命的热爱，我们才会肯定生命，即使在人生最惨淡的时候，也要让生命充满活力。哲学家尼采认为，生命的本质就是激昂向上、充满创造冲动的意志。因此，拥有生命的我们，一定要使生命充满活力和热情，要使工作充满热忱和欢愉。

在美丽多姿、一碧万顷、富饶辽阔的大草原上，青草散发着诱人的清香，各种动物在快乐尽情地狂奔着、追逐着、跃动着，到处都是生机盎然的景象。

只见两只羚羊从远处走来，一前一后，前面是一只雄壮的羚羊父亲，而后跟着它的羚羊女儿。它们在悠然自得地品尝着美味的大餐，似乎这草原就是为它们准备的，有许多鲜美青嫩的绿油油的小草。

而在幽深的草丛中，早有一只小猎豹静候在那儿了。这只小猎豹刚刚学会捕猎，所以一直在等待时机，等待猎物的出现，蓄势待发。

两只羚羊全然不知死神在一点一点地悄悄向它们接近。小猎豹悄无声息地向它们靠近，眼中闪着凶残阴冷的光。它看准时机，突然一个飞跃，以闪电般的速度跳出草丛，向小羚羊飞奔，小羚羊受到震惊，惊慌失措地向远方逃去，但它不是猎豹的对手，眼看就要成为猎豹的晚餐了。雄羚羊见状，发出了一声长长的嘶鸣，小猎豹转变了方向，把目标对准了雄羚羊，只见雄羚羊向着相反的方向飞奔。一场生死角逐拉开帷幕。

　　小猎豹以迅雷不及掩耳的速度向前飞奔着、冲刺着，在即将追上目标的刹那，它飞跃而起，用它如刃的利爪扑向雄羚羊，顷刻间雄羚羊的背部血如泉涌。虽然背部的疼痛让雄羚羊损耗了体力，但它并没有向敌人示弱，反倒是用尽全身的力气和小猎豹进行着殊死搏斗。时间在一分一秒地过去，小猎豹的体力也削弱了很多，况且它并不适应持久的搏斗，以至于放松了警惕，雄羚羊找准时机，用它那硬硬的角刺向小猎豹，小猎豹来不及躲闪，只听一声痛苦的嚎叫，尖利的角刺进了小猎豹的眼睛，它跌倒在肥美的草原上，在丢掉了一只眼睛后，小猎豹放弃了计划作为晚餐的猎物。

　　雄羚羊拖着满身伤痕的身躯疲惫地向远方跑去，傍晚时分，它终于找到了自己的女儿，有气无力地将刚才所发生的一切告诉小羚羊，并且作最后的嘱托与叮咛。以后当你长大的时候，会经常遇到这种情况，所以你必须有一个信念，就是时刻都不忘逃生，拼命地跑，因为对于豹来说，它只是少了晚餐，而对于你而言，却赔了性命，决不能轻易放弃生命。说完后，雄羚羊倒在血泊中，永远地离开了这个世界。

　　"体者，载知识之车，寓道德之所也。"渊博的知识和高尚的道德都存在于一个人的身体当中。没有了身体，一切都将灰飞烟灭。

　　无论在任何时候都不能轻易地放弃宝贵的生命。

　　拥有健康，我们就拥有一切，失去了健康，我们也随之失去了世界上的一切。也许我们不能想象屋子倒塌的情形，然而有一天房子真的要倒塌了，我们仍然可以自救，因为我们可以迅速地逃离这个危险的地方，搬到一个安全的地方居住。可是如果我们的身体垮了，就不是搬家能够解决的问题了，或许我们还可以再搬，那就是搬到另外一个世界去了。

　　伊索寓言里讲了这样一个故事：

　　在一个遥远的小村落，生活着一个很穷的农夫。一天，他奇迹般地发现在鹅窝里有一个金光闪闪的蛋，而且还是纯金的。从这以后，他每天都要去鹅窝里面取一只金蛋。过了些时日，农夫的生活日益富有，可是此时，他的心却越来越贪婪，以至于没有耐心等待每天一只的金蛋。他想一次性拿到鹅身体里面的所有金子，于是，他杀死了这只鹅，结果是他什么也没有得到。

　　在生活中，有时常常像愚蠢的农夫，用牺牲根本的代价（鹅——身体）来提高产出（金蛋——财富）的事情。每年，都有很多人因为过度辛苦和劳累，在追逐事业高峰的同时，身体被严重透支，发生了"过劳死"的现象。这种过劳死是因为工作时间过长，劳动强度加大，心理压力过大，存在精疲力竭的亚健康状态，积重难返，突然引发身体潜藏的疾病急速恶化，救治不及，继而丧命。有人将其定义为："由于长期的慢性疲劳而诱发的猝死。"相比较而言，下面这些成功的人士，都是在高效地利用自己的才智、精力和体力。因为他们明白，把这些空耗掉了，无论如何也干不出来伟大的事业。

美国的石油大王洛克菲勒，他的资产过亿，是众所周知的亿万富翁，他又是健康长寿的佼佼者，活到98岁的高龄；发明大王爱迪生活到84岁；钢铁大王卡内基活到84岁；日本企业巨子松下幸之助活到90多岁；美国成功学家拿破仑·希尔活到87岁；日理万机的毛泽东活到83岁。他们都做到了既健康长寿，又事业成功。

所以说，维持我们的健康，是生活的第一要务。同时，健康是生活的第一资本，也是事业的第一资本。你对健康的任何一点损害，都是在浪费自己的金钱和减少自己成功的机会。健康是我们能够存活于世所必备的基本要素。

给生命减压

第一财富是健康，第二财富是美丽，第三财富是财产。

　　课堂上，一位老师端起一杯水，问在座的学生："同学们，这杯水有多重？"有的学生说400克，有的说500克，不等。老师则说："这杯水的重量并不重要，重要的是你能够端住它多久？端一分钟，大家觉得没有什么问题；端一个小时，可能会觉得手酸；端一天，可能你就要叫救护车了。其实，这杯水的重量始终是一样的，但是你端得越久，就越会觉得沉重。我们承担的压力也一样，如果我们一直把压力放在身上，不管时间长短，到最后我们都会觉得压力越来越沉重而无法承担。我们必须做的是放下这杯水，休息一会儿，然后再将它端起来，这样我们才能够端得更久。"

快节奏的都市生活中，每个人身上或多或少都有着形形色色、方方面面的压力。这样时间长了，就会有种力不从心的感觉，产生一种紧张、焦虑的情绪状态，同时也提不起精神做事情。当身上肩负着来自各方面的压力，无法释放时，时间一长，心灵和身体都不堪沉重的压力，于是紧张、焦虑、失眠、亚健康等接踵而来。所以为生命减压成为当前最时尚的说法，它对于提高人们的生活质量、维护自身身体健康有重要的作用。用来减压的方法有很多，挑选一下，看看你适合哪一种。

去自然养生馆做理疗

提起去自然养生馆，或许更多的人想到的是，它应该是女性专属。然而并非如此，男人也可以理疗。当你走进自然养生馆的理疗间，首先便能闻到那芳香精油散发的独特味道，然后再来一杯热饮，让它温暖你的身体，再把老化的皮肤角质交给牛奶、燕麦和海盐，在宽大的按摩浴缸中放松每一根神经，直到彻底把压力和污垢一并赶出体外。这是一种不错的减压方式，你可以根据自己的年龄、肤质和体质量身定做一套适合自己的方案。它不仅耗时不多，而且效果也不错，可以每周抽出两个小时去理疗一次，它会让你重拾青春的气息。

享受丰盛美餐

每天，我们的大脑都在高速运转着，这种运动会消耗极大能量，当外界的事物使你感觉到压力时，它首先是"高压"的最先受害者，同时给大脑带来营养的缺乏，所以及时给它输送养料非常重要。你可以和谈得来的同学和朋友吃顿营养丰富的晚餐，听舒缓的音乐，把公事抛之脑外，不要吃那些刺激的食物。然后再喝一点香醇的葡萄酒，让那一切烦恼都抛至九霄云外，要把时间控制在一两个小时之内。当享受了这顿轻松惬意的大餐后，你会感觉生活原来如此美妙。

放慢跑步的速度，加快行走的步伐

清晨起床或者傍晚时分，你可以到公园或操场慢慢地跑、快快地走。这种方法是一种缓解压力的好办法，而且它简便易行。最好去室外运动，一般情况下室外的空气质量都比室内要好。慢跑快走不仅可以减压，而且对保持骨骼健康也很有帮助，经常慢跑快走的人与其他人相比，腿骨的密度平均要提高5%。

峰谷浪尖终极享受

如果你经常去桑拿房或使用按摩浴缸，建议你来一套沐浴的"终极享受"，向压力发起猛攻，先是感受水流冲击和抚触的震撼，然后在能直接面对生存压力的桑拿房里以毒攻毒，最后冷热水交替淋浴，让肌肉和皮肤在温度的变化中极度放松，整套下来，高质量的睡眠将让你第二天精力十足。

适度规律的生活

> 运动太多和太少，同样损伤体力；饮食过多与过少，
> 同样损伤健康；唯有适度才可以产生、增进、保持体力和
> 健康。
>
> ——亚里士多德

　　一个不重视健康的人，他的生活和事业终究也是昙花一现。因为没有健康，智慧无从展现，文化无从施展，力量不能战斗，财富便成为废物。

　　一位30多岁的女性突然患上急性心脏病，抢救无效死亡。医生后来检测到，致使她病故的原因是因为她的身体里含有大量的铅元素，从她家人那儿得知，她从18岁就开始涂口红。一位男士结婚几年不能生育，去医院检查，医生告知，他长期穿

牛仔裤，因为压迫会阴部，影响睾丸的散热和血液循环，因为时间过长，从而影响生育。

　　世界卫生组织公布的人均希望寿命，我国排在80位以后。进入21世纪后，生活方式是威胁人类健康和生命的"头号杀手"。由于不良的生活习惯，随着人们物质和文化生活的不断提高，人们在吃、穿、住、玩和用等方面追求新潮、时髦所产生的一些不利于人体健康的生活因素所引起的，通常被称为"生活方式病"。诸如娱乐病、度假病、家电病、高楼病、居室病、装修病等等。

　　在我们的周围和现实生活中，有很多人没有严肃认真地对待自己的生活和健康，他们往往没有想过，或者根本不想用科学的方法来限制自己的不良生活和行为，随心所欲地过着极不利于健康的生活。大家应该静下心来，反思一下自己多年的生活方式：

　　（1）经常暴饮暴食，每天摄入过多的脂肪、糖、盐，过少地摄入新鲜蔬果。

　　（2）热量过高、饮食过精，维生素和微量元素摄入不足。

　　（3）嗜烟、酗酒、嗜药。

　　（4）缺乏体育锻炼，平时很少参加活动。没有乐观进取的生活态度。

（5）精神紧张，情绪不稳，经常发怒，整日忧愁，睡眠不足。

（6）不讲公德，损人利己。

（7）过度的贪婪、人际关系紧张、家庭不和睦、工作不能胜任、生活不规律、过着孤单的生活。

（8）有着不正当的性行为、不健康的夜生活、个人卫生差等等。

生活方式的调整，尽管不可以彻底摆脱疾病的困扰，可是它可以起到预防、控制疾病和改善病情的目的。

西方发达国家十分重视人类生活方式的改变，好多国家早已着手实施"生活方式行动计划"。据英国的一份医疗报告显示，生活方式的改变，对国民的健康状况会有很大的改善，健康和良好的生活掌握在自己的手中。改变自己的生活方式，实际上不用花费很多钱，对人们的健康的确是至关重要的，对生活是十分有利的。

一旦感到身心疲惫，生活乏味，遇到任何事情都提不起精神、引不起兴趣时，就要多睡一会儿，或者去散步。抽空到乡间去散步、旅行、爬山、游泳，就会赶走那些忧愁的情绪，苦闷的感觉。使人变得精神振奋、愉快舒适。一个人只有懂得自我珍重，不为糜烂生活所引诱，珍惜自己的脑力和体力，做到脑力和体力的平衡，才是一个懂得生活的人，同时你拥有健康的体魄、成功的事业、和谐的家庭，当然会拥有优质的生活。

生活方式自测

> 健康对于每个人而言都是平等的，因为人们生而健康。牺牲健康，有的时候能够换来财富，但是你牺牲财富，不一定能够换来健康！人即便赚得了整个世界，赔上自己的性命，又有什么意义呢？我们如果没有了身体，还能够靠什么生活呢？所以我们要珍惜生命，珍视健康！

许多人为了赚钱而忽视了健康，或者被眼前诱人的美食、舒适的享受所迷惑，沉浸其中，丝毫觉察不出来由此带来的危害。这就是生活方式给我们带来的危害。许多人都没有意识到，自己被生活方式害惨了。我们不仅要有良好的生活，还要有健康的身体，想有一个健康的身体，就要有一个健康的生活方式来为我们引航。

对生活方式经常进行自我检测，可以让我们更加具体地知道自己的生活方式是否健康。当你回答完下面的11道测试问题，你就可以知道自己的生活方式和习惯是否健康，这有助于你了解你自己的生活方式和习惯，不仅可以扬长避短，而且还可以增加自己的健康财富。

1.关于喝酒

（1）我有喝酒的习惯，每天都会喝一些。啤酒（2听以下）或者葡萄酒少于一杯或者烈性酒少于2两。

（2）很长一段时间，每当我喝（2听以上）啤酒的时候，绝不会去开车。

（3）我从不会用喝酒的方式来缓解忧郁的情绪，即使是我精神压力很大的时候。

（4）喝酒后我不会做没有理智的事情。

（5）我的生活并没有因为喝酒而带来困扰和麻烦。

2.关于吸烟

（1）我没有吸烟的习惯；

（2）在过去一年里我也没有吸烟；

（3）在过去一年里我不仅没有吸烟，甚至没有嚼过烟糖。

3.关于血压

（1）在过去的六个月内我检查血压，一切正常；

（2）我从来没有过高血压；

（3）现在的我也没有高血压；

（4）我的口味很清淡，并且很注意食物中盐的摄入，我从不吃含盐高的食物；

（5）我的直系亲属没有人有高血压。

4.关于体重和身体的脂肪水平

（1）根据标准的体重和高度表，我的体重属于正常；

（2）在过去一年里我并不需要减肥；

（3）我身上没有一块脂肪是多余的，我的身体很健壮；

（4）我对自己的身体和体形很满意；

（5）家人、朋友和医生都认为我没有必要减肥。

5.关于锻炼

（1）我每个星期至少锻炼三次，每次至少锻炼30分钟；

（2）我静止时候的脉搏是每分钟70下，或者更少；

（3）当我做体育锻炼的时候，我并没有感到很容易累；

（4）我喜欢做一些运动，比如说游泳、打球，每个星期都要做一次；

（5）我觉得我的锻炼水平是高过我这个年龄阶段的大多数人的。

6.关于精神压力和焦虑

（1）我觉得我很容易放松；

（2）我比大多数人更能对付压力；

（3）我睡眠很好；

（4）我很少感到紧张和焦虑；

（5）我能很好地完成各项任务。

7.关于驾车

（1）我开车总是系上安全带；

（2）我坐车也总是系上安全带；

（3）我在过去的三年中从来没有出过交通事故；

（4）我在过去的三年中从来没有开快车；

（5）我从来没有酒后开车；

（6）我从来没有坐过喝过2杯酒的人开的车；

（7）我每年开车少于17000公里。

8.关于人际关系

（1）我对我的社会人际关系很满意；

（2）我有很多亲密的朋友；

（3）我能告诉我的伴侣或其他家庭成员我的各种感觉；

（4）当我有问题的时候，我可以跟我的朋友讨论；

（5）当可以选择自己单独做或者和其他人一起做事的时候，我通常选择和其他人一起做事。

9.关于休息和睡眠

（1）我每个晚上都能睡7~8个小时；

（2）我入睡的时间总是少于20分钟；

（3）我在夜里醒来的次数很少，一般不会醒来；

（4）我早上醒来后觉得睡得很好，精力充沛；

（5）我大多数时间觉得自己精力充沛。

10.关于生活满意程度

（1）如果我从头活一次，我觉得并不需要改变很多；

（2）我完成了大部分我在这一生中想做的事情；

（3）我很幸福，记不起有什么让我不满意的事；

（4）我觉得比大多数儿时伙伴成功；

（5）我觉得自己的婚姻很美满。

11.关于性生活

（1）我觉得自己的性生活很满意；

（2）我只有一个固定的性伴侣；

（3）我从不随便与陌生人性交；

（4）我从不为名或利与人性交。

　　请回答上面的每一个问题，如果适合您的情况就打1分，然后把分数加起来。

　　如果您的分数在45～55分，那么说明您的生活方式和习惯，比大多数人都健康；如果您的分数在25～44分，说明您的生活方式和习惯和大多数人差不多，有改善的机会；如果您的分数在0～24分，说明您的生活方式和习惯很不健康，必须改善。如果分数在3分以下，那么，在任何一个方面都请积极加以改善。

　　自己的健康状况不佳时，要痛下决心，彻底改变一下现在的生活习惯，抵制恶习，把健康夺回来。生活方式不良，如果不能立即彻底改变，难以赢得良好的生活和健康。

健康的生活准则

> 我们将人们理想的生活方式，主要概括为"衣、食、住、行、习、情、思、德、文、际"十个字所包含的各种健康的生活内容。人们要保持健康长寿，需要综合地养成这些方面的健康的生活方式。只有如此才能拥有优质的生活。

医学研究表明，拥有健康的生活方式，不仅使人身体健康、防病治病，而且还可以延年益寿。专家得出的结论是：

均衡的饮食结构能使人再增寿15～20年，经常服用净化胃肠道吸附剂和消除游离基的抗氧化剂，可以使人再增寿5～7年，正确地选择适合自己的维生素疗法，特别是在40岁之后，又能够使人生命延长3～5年。如果每天都在新鲜的空气里漫步，这将能够使你远离衰老3～5年，因此健康的生活方式至少可以使人多活30年。

现在人们普遍地意识到，健康就是最大的财富；健康就是幸福；人可以没有一切，但是不能没有健康，而健康又与健康的生活方式密切相关。因此，各种各样的健康生活方式已经在世界各地流行，其主要有以下15种健康的生活方式：

1. 挺胸抬头

生活节奏快，不仅使人易患急躁症（例如对于排队等待、交通堵塞或者等待电子邮件下载时十分生气、不耐烦），而且还"来也匆匆，去也匆匆""埋头苦干"以及"猫腰赶路"等。针对这种情况，美国密苏里州大学的专家指出，抬头挺胸，不仅令人有气质，看上去年轻而精力充沛，而且，抬头还有助于减轻腰骨痛，挺胸又会减少脊椎的负荷。

2. 以步当车

以车代步曾盛行于发达国家，现在，有许多人却反其道而行之，即以步代车，能步行就步行。因为以步当车日久，可以有效地防止骨骼退化，增强心肺功能，还有利于新陈代谢和减肥。所以，日本的专家认为，现代人每天的步行，不要少于5000步。伏案工作者每天的步行最好在1万步以上。

3. 多做善事

多行善事，能保健康。有些人认为助人为乐，帮人之困，济人之危，可以使你心情舒畅，能够获得一种难以名状的心理满足。这有助于强化人的免疫系统，调节身心，有利于健康长寿。科学研究表明，当人们看了利他主义的电影时，或者做好事时，则他们的免疫功能增强。一些研究资料表明，多行不义，久必伤身。

4. 尽量少食肉

近来流行素食风，因为专家认为，当人们在大量的食用各种肉类食品时，会诱发某些疾病，同时还会加重心脑血管疾病。不食肉或者少食肉已成为越来越多的人的进食原则，以保持身体健康。长期食肉过多对健康不利，而长期完全素食，也对健康不利。

5．常去晒太阳

现代人们推崇有空就晒太阳的阳光沐浴生活方式。经常接受阳光的适当照射，可以有助于身体接受大量的维生素D，更加利于牙齿和骨骼的健康。在欧美一些国家的人民中十分盛行阳光浴。然而，晒太阳过多也会对身体健康不利，这很容易使人患上皮肤癌。所以，阳光是良药，剂量是关键。这一点人们应该牢记心中。

6. 在细雨中步行

在霏霏细雨中逛街或者散步，是现代欧美人的一种生活时尚。绵绵细雨可以洗涤尘埃，净化空气，增加空气的负氧离子，对人的肺与大脑的保健大有裨益。但是不能在狂风暴雨或者大雨中散步或者锻炼，否则，就会损害健康。

7. 经常唱一些歌

美国马里兰大学的专家倡导，经常唱歌，有益于健康长寿。因为唱歌有益于大脑的逻辑思维，而且唱歌时声带、肺部、胸肌等能够得到良好的锻炼。所以，中老年人应该像年轻人那样，引吭高歌。离退休的老人，可以参加合唱队。有些城市组织了老年人合唱团，也是对老年人健康的一种关怀。但是，唱歌的时候，最好选择空气新鲜的场所，有条件的时候，应去郊外引吭高歌。

8. 注意饭后休息

现代人认为，饭后应该稍事休息或者卧床休息片刻，大约30分钟左右，再去散步或者做其他的一些事情，更加有利于食物的消化吸收、胃肠保养和肝脏功能的养护。因此，在日本以及韩国，"饭后稍事休息，再去百步走"已成为一种健康养

生的一种大众之举。近来，专家们提出了饭后的"七不宜"，
即：不要吸烟、不吃水果、不放裤带、不要喝茶、不要洗澡、
不要百步走、不要睡觉。

9．静坐思，降血压

每天静坐冥想1～2次，每次大约30分钟，排除杂念，放
松身心，有助于解除神经性头痛，降血压。在美国得克萨斯州
的居民中已流行这种健康风。

10．享受天伦之乐

中庸之道引进家庭之中。全家人和睦相处，互尊互敬，互
谅互让，在业余时间，夫妻互诉衷肠，爷孙共同游戏，共享天
伦之乐，在日本、东南亚的一些国家颇为流行。天伦之乐，是
人生的一大享受，也是轻松的健康休闲方式之一。可惜，我国
越来越多的"空巢"老人，却被剥夺了这种享受。

11．平和的家庭氛围

这是指要注意早晨家庭气氛和谐。俗话说"一日之计在
于晨"，这句话也适用于处理家事。夫妻之间、父子之间、母
女之间的态度和情绪如何，对一天情绪将产生很大的影响。所
以，早晨起来之后，不仅夫妻之间要多说互相鼓励的话，对孩
子也要多说一些关心的话，营造和谐的气氛，使全家人都能心

情愉快地工作和学习。这种注意早晨的家庭气氛和谐，也应该
成为一种健康的生活方式。

12. 切勿纵欲

有些人养情妇，甚至乱找女人。这不仅影响健康，而且还
与腐败紧密相连，媒体所披露的大"蛀虫"，都是贪色之徒。
节制色欲是一大健康生活方式。唐代名医孙思邈说："务存
节欲以广养生。"告诫人们不可以纵欲。节欲应做到：阴阳好
合，节欲有度。强调房事安排要适宜；夫妻年龄应相当；妖艳
莫贪，自心莫乱，即不贪色欲，勿作妄想，生活不腐化；奢药
壮阳，诸恙丛生。人们乱用"伟哥"，必然影响寿命。总之，
色欲知戒，可以延年益寿，是中年人的健康生活方式。

13. 经常下厨房

日本的菅原明子认为，男人下厨房有益于健康。她建议
各位男士学做"家庭厨师"。做饭菜，可以刺激五感，培养创
造力，增强体力，加强发射神经和美感，还可以预防"生活方
式病"。切菜可以保持大脑的兴奋。烹调时，又能够发挥人的
能力。一般来说，人们在工作的时候只是使用左脑，但若是做
饭菜，人的右脑会越来越发达。如果左脑、右脑保持平衡，大
脑的利用效率就将提高。做美味的佳肴，可以在不知不觉当中

培养许多的能力，比如正确的判断力，敏捷的动作以及用大脑分析并再现吃过的美味佳肴的创造力等。因此，我们将下厨房（尤其是男人下厨房）也作为人们的一种健康的生活方式。

14. 习惯读书

生理学家认为，读书好比服用"超级维生素"，可以促使大脑、性格，甚至身体充满活力，不论男女老少，都可以通过读书学习活动，促进身心健康。由于经常用的器官就健康、发达，而不用的、少用的器官易变；精神刺激又可以调节人体的免疫功能。因此，德国不少医院为病人开设专门的图书室，引导病人沉浸于书中，康复很快。在国外，读书疗法，已成为一种时尚，许多专家认为，勤奋学习、读书是促进健康长寿的良方。读书不仅可促健康，还可治病。但读什么书应依据病人的心理状态和知识水平。这就是说，书籍治病方法只对能读书和喜欢读书的人有效。不仅神经性病人可用书籍治病法，而且，心理性病人也可用书籍治疗。所以经常读有益的书是知识分子的一条养生大法，也是他们的一种健康的生活方式。

15. 顺应节气规律

顺应人体的"生物节律"，不违背人体的"生物节律"是保证人健康长寿的良方。确定一个人的精神、情绪的好坏是生物节律。在人体的生物节律中，除了分为昼夜节律、月节律和年节律等生物钟周期外，还有如下生物节律：

（1）体力节律。它又称为体力周期，决定人的精力、体力状况，其周期为23天。

（2）情绪周期。它又称为情感周期，是指一个人的情感高潮和低潮的交替过程中所经历的时间，决定人的情感和精神状况，其周期为28天。

（3）智力定律。它又称为智力周期，决定人的智力状况，其周期为33天。

上述生物三节律，从一个人出生之日起，到去世为止，自始至终没有变化，而且不受任何后天的影响。这三种生物节律呈现正弦曲线变化，依次为高潮期、低潮期和临界日。如情感周期处于高潮的人，表现出强烈的生命活力，对人和蔼可亲，感情丰富，做事情认真，易于接受别人的规劝，精神愉快。相反，处于情感周期低潮的人，则易发脾气，急躁，容易产生反抗情绪，喜怒无常，常感到孤独和寂寞等。

由于这三种生物节律的周期不同，在时间上有一定的差异，如果有一天，两种节律的临界期同时来临，这一天就称为"双重临界期"。在临界期期间，人的机体功能极不稳定，容易发生各种事故，而临界期的重合更加剧了事故发生的可能性。为此，人们不仅要顺应生物节律，即在其高潮期多学习、工作，而在临界期（尤其是双重临界期），尽量安排休息，并且多加防护，减少事故的发生。

生命在于运动

生活多美好啊，体育锻炼乐趣无穷。

——普希金

工作可以使人感受宁静，运动可以使人感受激情。下面向大家介绍两种有益、简便易行的运动方式。首先运动前的准备：空腹时和刚吃完饭时，不是运动的最佳时机，最佳时机是用餐后休息半小时至一个小时再去运动。运动时所选择的鞋，鞋底应有弹性且厚一些，因为这样可以减轻脚和膝关节的负担。

1. 骑单车

刚开始运动时，骑行的速度不要过快，把时间控制在半小时以内，如运动的过程之中感觉到疲劳，就要隔一段时间，慢速骑3分钟用于恢复体力。这样运动一段时间以后，再依据个人特点逐渐增加运动的强度和持续时间。骑车有不同的方式，可以长时间的慢速骑行，这样，如果持续20分钟以上，会"燃烧"更多的脂肪来供给能量，它比较适合以减脂为目的的肥胖人群。

快些速度骑车，可以提高心率。此时机体主要通过糖原无氧酵解的方式来供能，可以提高全身，尤其是大腿肌肉的无氧运动能力。剧烈运动后的身体不适感将会被推迟，有助于我们从事更高强度的运动，或在高强度运动时坚持更长的时间。此外，快骑对心肺功能也颇具锻炼价值。

亦快亦慢的骑车方式，这种运动方式不仅能够兼顾有氧能力、无氧能力、心肺功能外，而且还能增加运动的乐趣。有了科学的指导，采用更合理的快慢结合锻炼方式，还会取得更好的健身效果。运动时这几种方式最好是以其中一种为主同时以其他方式为辅，多种运动方式交替进行，会达到更好的锻炼效果。

2. 慢跑

一个人单独跑步时不会产生竞争感，因为如果与别人同跑，会不由自主地产生超过自己体力标准的跑步速度。跑步时，力量运用适中，既不能太过用力也不能不用力，一切都要以自己体力为基准来调整。初跑时的前20分钟，找一个合乎自我体力的慢跑速度，因为要想慢跑时间长久一些，首先一定要注意控制速度。如果可以做到的话，最好每个星期运动三四次，每次慢跑一小时。深呼吸很有效。正确的呼吸方法是用鼻子和嘴巴同时吸进空气，吐气时要用力。如果感觉到有点呼吸困难时，要稍微降低速度。

女人的心灵处方

> 女人的言语，是一种内在的涵养。这需要时间的陶
> 冶，需要学识的修养，也需要思想的沉淀，更加需要智慧
> 的审视。同时，女人的内涵是多层面的，它包括一个人的
> 眼界、才华、素质、胸襟、气度、包容的心、能力等，然
> 而在这许多因素之中，文化的修养尤为重要。

什么是幸福？幸福就是源于内心的一种感觉，而这种感觉是
快乐，有了快乐感觉的心灵就有了幸福的感觉。影响心灵获得美
好、幸福感觉的因素有很多，而其中的头号杀手就是抑郁，在下
面会重点介绍，首先要打败另外两个杀手：虚荣心、嫉妒。

虚荣心

虚荣心是一种扭曲的自尊心。这种心理男人与女人都有，
总的来说，女性的虚荣心比男性强。所以，虚荣心带给女性的

痛苦比男性大。

　　实际上，虚荣心很强的人，他的深层心理是空虚。为了追求面子，打肿脸充胖子，内心是很空虚的。表面的虚荣与内心深处的空虚总是在斗争着。因此虚荣心强的人，至少受到来自两个方面的心灵折磨：一是没有达到目的之前，为自己不如别人的现状所折磨；二是达到目的之后，为唯恐自己的真相被揭露的恐惧折磨。因此他们的心灵总是痛苦的，是没有幸福可言的。针对虚荣心，必须马上实施的心理处方是：

　　（1）追求真、善、美。一个人追求真、善、美不会通过不正当的手段去炫耀自己，就不会徒有虚名。

　　（2）克服盲目攀比的心理。横向地去跟他人比较，心理上永远是无法平衡的，会促使虚荣心越发强烈。一定要比，就跟自己的过去比，看看各方面有没有进步。

　　（3）尊重自己的人格，崇尚高尚的人格，可以使虚荣心没有抬头的机会。

嫉妒

　　嫉妒是痛苦的制造者，是婚姻的破坏者，也是心理上的癌症。

　　针对女性的嫉妒心理，想摆脱它，可遵守以下心理处方：

（1）树立正确的竞争心理。如今社会上竞争无处不在，但看到别人在某些方面超过自己的时候，不要盯着别人的成绩去怨天尤人，甚至产生怨恨情绪，更不要企图把别人拉下马。应该采取正当的策略和手段，在"干"字上狠下功夫。

（2）树立正确的价值观。有了正确的价值观就能在别人有成绩时，会肯定别人的成绩，并且虚心地向对方学习。

（3）提高心理健康水平。心理健康的人，总是胸怀宽广，做人做事光明磊落。而心胸狭窄的人，才容易产生嫉妒。

（4）极大限度地去运用你的智慧。智慧女人能够把握好自己，通过自己的从容自信，拥有独特的内涵，运用自己的聪明才智从人群中脱颖而出。智慧是一个美丽女人不可或缺的素养，秀外慧中、慧质兰心都是对智慧女人的形容。智慧女人需要有很强的领悟能力，这也使她与爱耍小聪明的女人分开。学识与阅历会使一个人很快地成长起来，并且使她能够在经历过的事情中吸取经验、教训。智慧的女人有着很强的爱的能力，她不但爱自己，还爱别人，用一颗博爱的心去爱人。如果把精心地去设计形象、刻意地伪装亲和力、自我吹嘘当智慧，这也是一种非常浅薄的智慧，经不起时间的考验。人们需要看见真实的魅力，切记，真实的，才是最容易打动人的。

第二章

让心灵不再迷茫

别让污水流进心灵

> 面对别人恶语相向，我们只需轻轻抹去，千万别让它
> 流入心灵里发酵，那滋味会折腾得你坐立不安，这其实还
> 是对自己不负责任的表现。

在我们的生活工作中，遇到一些正常的批评，这并不是坏事，说不定会给我们自己带来很多纠正错误的机会。至于那些纯属个人攻击、诽谤、中伤和诋毁，我们如果不想被一些别有用心的批评伤害，就不要去搭理它才对，如果让恶意批评的污水流进心灵的话，那就太不值当了，而且这样还帮助了敌人，伤害了自己。这时，我们应当表示出自己的不屑一顾，像抹蛛丝一样，不露声色地将其轻轻抹去。

佛陀在一次旅行途中遇到一个不喜欢他的人，旅途中那人

竟用各种办法侮辱他，这种侮辱持续了好几天，伴随着一段很长的旅途，如果换作任何一个普通人，都会和那个诬蔑他的人打一架，可佛陀却毫不理会。

等那个人骂够了，正想悻悻而去时，佛陀转身回问："如果有人想送给你一份礼物，但你一直拒绝接受，那么，这份礼物应该是谁的？"

"很简单嘛！礼物应该属于那个送礼的人。"

佛陀听了，笑了笑说："我本来没有过错，这如同礼物一样，如果我一连几天不接受你的辱骂，那就等于你一直都是在骂自己。"

那人无言以对，碰了一鼻子灰走了。

生活在这个大千世界，我们对外来的情绪影响是不可忽视的。只要我们自己心灵健康，别人怎么都不会影响到我们。如果自己一味地沉溺于别人的想法或说法，就会陷入被动，甚至会被对方所累。

面对敌人的非议，有智慧的人都很能忍，他们都是深明大义的人，能以极大的意志力来抑制自己将要如火山一样喷发的情绪，使自己的心态尽可能地平静下来，使自己的精力集中到自己所从事的事情上面。特别是那些身居领导职位的人，遭受别人的非议是正常的。所以居于其位者一定要是一个有修养和怀有盛德的人，才能不受外界的侵扰。

一次，有一个不速之客突然闯入洛克菲勒的办公室，直奔洛克菲勒办公桌的对面，他用拳头直击桌面，咆哮着："洛克菲勒，我恨你，我有绝对的理由恨你！"接下来，这位暴跳如雷的家伙谩骂洛克菲勒达10分钟之久。

所有的人都为自己的老板愤愤不平，以为洛克菲勒一定会拿起墨水瓶向来人身上掷去，或者吩咐保安把他给赶出去。

但让大家想不到的是，洛克菲勒没有任何回击和反抗的行为，他停下手头的活儿，用一种温和的眼神注视着这位不识趣的攻击者。对方越是急不可耐，他越显得和善。

那个狂妄之徒被洛克菲勒的大度搞得莫名其妙，嚣张的气焰慢慢平息下来，甚至竟有些手足无措了。

最后，他又在洛克菲勒的桌面上狠狠地敲了几下，但得不到任何"回响"，感觉自讨没趣，便离去了。而洛克菲勒就像什么事情也没有发生一样，重新拿起了笔，认真地继续工作下去。

当一个人发怒时，如果遇不到反击，他不会坚持多长时间，或许这个不速之客已经想好了洛克菲勒会怎么对待他的无礼。但出乎意料的是，洛克菲勒就是不开口，无理取闹的那个家伙反而不知如何是好了。

　　我们在行走的途中，一定要记着自己上哪里去，一定要记着自己的目标在哪里，然后把心态放平，将外界所有的冷嘲热讽和各种不平与侮辱，当做自己前进途中必须跨过的一摊污水，如果太在意的话，我们就会陷入这个本不深的污水里溺死。对于人生的路来说，永恒的平坦是没有的，当我们碰着阻碍的时候，不如自己绕开走，实在绕不过去，最好能快速跳过去。如果你真要跟这些坡坡坎坎"认真"起来，不仅自己会陷入无穷的苦恼，而且最后连自己人生的追求都无时间和精力去顾及了，那人生还有什么意思呢？

学会克制自己

　　　学会克制自己是一件非常不容易的事情，我们每天几乎都是在理智和感情的较量中度过的。不能克制自己的人，容易成为被别人利用的对象，反之，能克制自己的人，才能行得正，走得端。

　　每个人都有着自己的情绪，都有着自己的脾气，即使是一个愚人傻瓜也有自己的脾气。如果你一遇事情就很长时间不能平静下来，这对你的身体或者精神绝不会有好处。被气死的人屡见不鲜。

　　在人的一生中，种瓜得瓜，种豆得豆。人们必须为自己的行为负责。在漫长的人生旅途中，我们必须面对各种困难而从事具有挑战性的工作。自我的满足感，是在不断地努力中获得的。人生的真正报酬取决于贡献的质与量。无论长期或短期，我们都会因自己所播的种子而得到收成。

当一个愤怒的人开始辱骂及嘲笑你时，不管是不是公正，你必须记住，如果你也以相同的态度报复，那么你的情绪将变得与这个人相同，因此，那个人实际上已经控制了你。

相反，如果你拒绝生气，保持冷静与沉着，那么，你会让对方大吃一惊。你所用来报复的武器是他所不熟悉的，因此，你很容易地就能控制他。

约翰·洛克菲勒常常遭人辱骂，而这些辱骂洛克菲勒的人，大部分都纯粹出于嫉妒，因为他们渴望拥有洛克菲勒的财富，但却忘记了他之所以能爬到巨富地位，完全是因为他有能力指挥智力与能力比他差的其他人。洛克菲勒先生在尚未成功之前也常常要买25分钱1加仑的煤油，而且必须扛着大铁桶在大太阳底下步行回家。现在，洛克菲勒的车子却可以把煤油送到世界上任何一家的后门口，不管是在城内，还是在城外的农场。

洛克菲勒懂得自制，不会用浅薄的报复来对待别的人。许许多多成功的企业家心中装着的是大大的世界而不是狭隘的个人荣辱。

愤怒是一种很伤自己身体的负面情绪，它来自于外在的刺激和自我认知之间的矛盾，它将伴随我们一生。这个矛盾滋生的恶果会使人际关系变得紧张起来，或许别人不经意的一句话就导致自己久久不快乐，甚至会引发像失眠和胃溃疡这样的疾病。

俗话说："壶小易热，量小易怒。"动辄发脾气、动肝火是胸襟狭窄、气量太小的表现。这往往是不明智的。

有一个十分任性和脾气暴躁的孩子，他因说话粗野，遭人厌恶，身边没有了朋友和好伙伴，他常常为此而感到苦恼。这时，他的父亲告诉他："当你发脾气将要克制不住自己时，就在门前的那棵树上钉一枚钉子。"

那个小男孩照着父亲的话认真地去做了。时间一长，他发现，如果克服自己的愤怒情绪，会为自己带来很多意想不到的好处，能遇事不慌，能控制住局面，渐渐学会了控制自己的不良情绪，开始的时候，钉钉子的次数很多，后来，次数越来越少了，因为他已经学会克制自己。

有一天，他兴奋地问父亲："我已经有好长时间不钉钉子了，我知道了自己如何克制自己。对于那些不讲道理的人也有办法应对了，和别人的关系越来越融洽。"

父亲说："你学会了以平和的心态去对待别人，这正是我想要得到的结果。以后，每当你解决了和别人的矛盾时，就从树上拔掉一枚钉子。"

从此，每当这个孩子想要发脾气的时候，就想想父亲说的话，努力克制着自己，调整好心态后，就从树上拔掉一颗钉子。渐渐地树上的钉子被拔光了，他完全掌握了面对自己周围的人和物的正确方法。

他高高兴兴地向父亲汇报，父亲很平静地带他来到了大树旁，指着那些密密麻麻的钉子眼说："孩子，每当你脾气暴躁伤害了别人以后，留在人们心上的伤疤就像这些钉子眼，很难消除，伤害一个人很容易，恢复美好的情感却是相当困难的。"孩子羞愧地低下头，对自己以往的过失懊悔不已，密密麻麻的钉子眼就像钉在自己心上一样让他痛苦不堪。

父亲用最有效的方法成功地使儿子改掉了自己的坏脾气。其实，愤怒是我们普通人在生活中常遇到的问题，它是情绪的一种反应，但也不能让它无限制地蔓延，我们应当做自己情绪的主人，而不是被它主宰。

对恶意批评一笑了之

> 有些人不是为自己而活，倒像是活给别人看的。如果
> 一直受到别人的赞美还好，而一旦受到别人的恶意批评，
> 自己就不自信起来，变得耿耿于怀，甚至无端地怀疑起自
> 己，本来该做好的事情反而做不好了。

在人类的行为中，有一条基本的原则，如果你遵循它，
就会为自己带来快乐，而如果你违反了它，就会陷入无止境的
挫折中，这条法则就是："尊重他人，满足对方的自我成就
感。"正如杜威教授曾说的，"人们最迫切的愿望，就是希望
自己能受到别人的重视"。就是这股力量促使人类创造了文
明。如果你希望别人喜欢你，就要抓住其中的诀窍，了解对方
的兴趣，针对他所喜欢的话题与他聊天。你希望周围的人喜欢

你，你希望自己的观点被人采纳，你渴望听到真正的赞美，你希望别人重视你……然而，己所不欲，勿施于人。那么让我们自己先来遵守这条法则：你希望别人怎么待你，你就要先怎么对待别人。

千万不要想等你事业有成，干了大事业后再开始奉行这条法则，因为那样你永远不会成功。相反，只要你随时随地遵循它，它就会为你带来神奇的效果。

王晓平是国际企业战略网调研部的一位员工，有一次，她受部门经理的安排要给一家大型公司做市场报告，她在接到部门经理的安排后，就开始着手这方面的工作，为了在规定的时间内完成工作，她知道她所要的资料只有从这家公司的董事长那儿才能获得，于是她就前去拜访这位董事长。当她走进办公室时，一位女秘书从另一扇门中探出头来对董事长说："董事长，今天音乐会的票已经售光了。"

"我儿子很想听明天晚上7点国家大剧院的音乐会，我正在想办法为我儿子买票呢！"董事长对王晓平解释道。

那次谈话很不成功，董事长不愿意提供任何资料。王晓平回来后，感到无比沮丧。然而幸运的是，她记住了女秘书和董事长所说的话，于是就到了国际企业战略网公关部，问他们是否能搞到明天晚上7点国家大剧院音乐会的门票。出乎意料的是，公关部的一位员工满足了她的要求。

第二天，王晓平又去了那家公司，她到了前台，给董事长打电话说，她要送给董事长的儿子一张今天晚上7点国家大剧院演出的音乐会门票。董事长高兴极了，他紧紧地握住王晓平的手，满脸笑容地说："噢，王小姐！谢谢你，我儿子一定高兴极了，我相信，当他知道我已经找到了这张门票的时候，一定会非常的兴奋。"董事长不断地说着类似的话，兴奋地把门票放在自己的嘴上亲了又亲。

整整十分钟，他们都在谈论着这张门票。然后，奇迹出现了：没等王晓平提醒，董事长就把她需要的资料全都提供给了她。不仅如此，董事长还打电话找人来，把其他的一些相关资料、数据、报告、信件全部提供给了王晓平。

我国明代文学家屠隆在《续娑罗馆清言》中说：情尘既尽，心镜遂明，外影何如内照；幻泡一消，性珠自朗，世瑶原是家珍。意思是说，只要放下对尘世的眷恋之情，那么心灵之镜就会明亮澄澈，从外部关注自己的形象，不如从内部进行自我省察，驱除庸俗的念头；只要看破实质，打消对如梦幻泡影一样的世事的执着之念，那么自身天性就会像明珠一样晶莹剔透，熠熠生辉，要做世间少有的通达超脱之人，最关键的还是要保护好自己内心的那一份淡然。

人人都有发表批评意见的权利，不管是对还是错，这是你不能阻止的。有时"旁观者未必清"，他们的批评和立场是以他们自己的观点来说事，要排除这些不公正的恶意批评对自己心情的影响。

美国总统罗斯福的夫人告诉教育家卡耐基，她在白宫里一直奉行的做事准则就是"只做你心里认为是对的事"，反正是要受到批评的，做也该死，不做也该死，那就尽可能去做自己认为应该做的事情，对一切非议一笑了之，再也不去想它。这才是做事情成功的关键。

给自己来一个大盘点

当一个人面对来自四面八方的非议和批评时，与其烦恼不堪，不如该反思的就反思，该批评的就自我批评，有则改之，无则加勉。当大部分人产生和你不同意见的时候，则是你检点自己行为的时候了。

人生路上，遇到责难是常有的事，重要的是要有一定的修养、气度、胸怀和魄力。谁又没有犯过错误呢？而且世人的观点又千差万别。所以，听到对自己的批评不要烦恼，很多时候，别人提出的建议往往有助于自己获得突破，自古以来，哪一个成功的人没有遇到过责难？但他们没有为此烦恼。原因在于，他们都是善于管理自己情绪的人，不会让心灵受到外界指责和批评的侵扰。他们深深懂得讪笑、批评、诽谤的石头，恰恰是通向自信、潇洒、自由的台阶。

　　或许别人不经意间一句蔑视和尖刻的话，会像一把尖刀扎在你的心上，让你苦恼，让你痛苦，甚至成为你一生都挥之不去的阴影。但往往就是这句话，会成为你人生最大的动力，你会勉励自己做得更好。维克多·格林尼亚教授就是一个典型的例子。

　　1897年，维克多·格林尼亚出生在法国瑟堡一个资本家家庭。他的父亲拥有庞大的产业和巨额财富。

　　俗话说"纨绔子弟少伟男"，用在青年时代的维克多·格林尼亚的身上也同样适合。家境的优越，加上父母的溺爱，使得他成天游荡在瑟堡的大街上，盛气凌人。他没有自己的事业追求，根本不把学业放在眼里，成天混迹于上流社会，过着放荡不羁的生活。

　　在一次午宴上，刚从巴黎来瑟堡的波多丽女伯爵竟然毫不客气地对他说："请给我站远一点，我最讨厌花花公子挡住视线。"他强烈的自尊心受到了严重伤害，要知道瑟堡年轻漂亮的姑娘都愿意和他谈恋爱，波多丽女伯爵的话竟把他一下子击倒了，于是偏执、疯狂和自卑袭上他的心头。但过了不久，他就醒悟了，开始反省过去，后悔浪费的光阴，对自己的人生产生了苦涩和羞愧之感。

　　从此他开始发奋学习，挽回自己过去曾经挥霍掉的宝贵时间。每当灵魂和肉体变得麻木的时候，他就用女伯爵的这句话来激励自己，使自己感觉到痛楚。后来，他为了摆脱优越生活对自己的影响，主动离开了家庭，走前给家里留下一封信，上面写着："请不要找我，我要刻苦学习来弥补过去荒废的学业，相信自己会有一番成就的。"

　　维克多·格林尼亚来到里昂，拜路易·波韦尔为老师，通过两年扎实而勤奋的学习，他进入了里昂大学插班就读。大学里，他以刻苦勤奋赢得了化学权威菲利普·巴尔的器重，在这位权威的指导下，他把所有著名的化学实验重新做了一遍，并纠正了一些错误和不完善的地方。终于，以他的名字命名的格林试剂在这些大量的平凡实验中诞生了。

　　一旦开启了成功的大门，他的成果就像决堤的潮水一般滚滚而来，他在化学领域有了很多重要的发现，为此，瑞典皇家科学院授予他1912年度的诺贝尔化学奖。此间，他又收到了波多丽女伯爵的贺信，信中只有一句话："我永远敬爱你。"

一个人受到别人的责难时，也许他仍旧默默无闻，泄气到底，依旧我行我素，但一旦他认识到自己的缺陷时，则会爆发一种惊人的力量。

二战期间，一支部队在森林中与敌军相遇，激战后亨利和另外一名战士同时和部队失去了联络。

两人在森林中艰难跋涉，他们互相鼓励、互相安慰。十多天过去了，仍未与部队联络上。这一天，他们打死了一只鹿，依靠鹿肉又艰难度过了几天，可也许是战争使动物四散奔逃或被杀光，这以后他们再也没看到过任何动物，他们仅剩下的一点鹿肉，背在亨利的身上。这一天，他们在森林中又一次与敌人相遇，经过再一次激战，他们巧妙地避开了敌人。就在他们自以为已经安全时只听一声枪响，走在前面的亨利中了一枪——幸亏伤在肩膀上！后面的士兵惶恐地跑了过来，他害怕得语无伦次，抱着亨利的身体泪流不止，并赶快把自己的衬衣撕下包扎战友的伤口。

晚上，未受伤的士兵一直念叨着母亲的名字，两眼直勾勾的。他们都以为他们熬不过这一关了，尽管饥饿难忍，可他们谁也没动身边的鹿肉。天知道他们是怎么过的那一夜。第二天，部队救出了他们。

时隔30年，亨利说："我知道谁开的那一枪，就是我的战友。当时在他抱住我时，我碰到他发热的枪管。但当晚我就宽恕了他。我知道他想独吞我身上的鹿肉，我也知道他想为了他的母亲而活下来。此后30年，我假装根本不知道此事，也从未提及。战争太残酷了，他母亲还是没有等到他回家，我和他一起祭奠了老人家。那一天，他跪下来，请求我原谅他，我没让他说下去。我们又做了几十年的朋友，我宽恕了他。"

生活中会遇到各种各样的人，于是不可避免地会遇到因为一时冲动而对你造成伤害的人。面对这些，我们应该怎样做？你的宽容会让那个人最终明白自己的错误。

忘掉消失的过去

> 那些已经过去的没有价值的东西，我们根本没有必要
> 把它再留在大脑里，否则，时间久了，它们像池塘中的污
> 水那样发馊、发臭。与其让尘封的记忆腐烂发臭，不如像
> 对待垃圾一样，及时把它们清理出去。

人生在世，时而忧虑，时而烦恼，有短暂的负面情绪是正常的。但如果一个人总把那些陈旧之物存在头脑中任其发酵，那么，他就看不到人生的希望，因之人生得不到发展，一味沉溺于失望和悲观之中不可自拔，生活就没有快乐可言了。

现实生活中的每个人都经历过或让自己刻骨铭心，或不堪回首的往事。它们虽然过去了，但有如毒蛇一般，死死地缠住当事人的神经。豁达、乐观的人都能够正确地应对过去。而相当一部分人则没有这么幸运了，他们被过去困扰着。

俗话说，人生失意之事十之八九。我们要常思"快乐"的一二，而不去想"失意"的八九，因为这样你才能真正得到生活的快乐。所以，我们要将那些没有任何价值和只会给我们带来烦恼的东西及时清理掉，换取快乐而洒脱的生活岂不更好。

在社会中，如果我们想要得到别人的尊重和承认，首先，自己要懂得先尊重别人，懂得对事不对人，忘掉别人的过错。另外还要学会忘记自己的辉煌。不幸或者成绩都只是过去的结果，以后幸福快乐与否则取决于自己现在的努力程度。不管不幸还是辉煌，它们只代表着过去，我们需要端正心态，从零开始。唯有这样才能使我们跨入人生新的境界。对于给予别人的帮助，我们也要善于遗忘，不要总想着将来某一天，得到别人数倍甚至更高的回报，带有功利心的帮助往往会使我们心灵扭曲，后来的失望和不快是肯定的。

英格丽·褒曼说过："健康的身体加上美好的记忆，会让我们活得更快乐。"忘掉过去，并不是不要反思，我们的人生是需要不断总结教训的。用理智过滤自己思想上的杂质，这样有助于我们陶冶情操，更好地留下人生最美好的记忆。

当然，对某些往事，我们有必要怀念、值得珍藏、值得寻味。但并不是所有的往事都是这样。那些令我们不快，或毫无

价值的事情，我们要毫不犹豫地舍弃，留下健康奋发的雄心去
开拓未来。

忘却也是一种智慧、一种品格，忘却不幸的人不会为无谓
的事情而耽误欣赏前方的良辰美景。即便你眼下有诉不完的幽
怨愁结，疏不尽的沉郁低迷，它们对于整个人生的影响也是微
不足道的。

事实上，许多往事不是那么容易"拿得起，放得下"的，
它们常常会浮出水面撩拨你。每当此时，专心地工作，或者外
出旅游，改变一下自己的心情。

每个人的心里都有过往的尘埃，对于短短的人生来说，一
切的烦恼和不快只不过是已经消逝了的过去，有眼泪你可以尽
情地去流，只要不把它带入心里就行。否则，妨碍了自己的身
心健康则是最大的罪过。

当然，忘记过去并不是每个人都能做到的事情，只要生活
在世上一天，就会有很多的关系需要处理，而每个人的立场和
期望值不同，做事就会有不同的出发点，不同的出发点导致个
人的感受不同。但相同的是，一旦认为有损于自己的名誉、尊
严和得失的时候，人们就会产生不愉快的情绪。一个善于忘记
烦恼的人则会从不同的角度去看待事情本身，他做事的方式是

灵活的，是不断变化的。

　　因此，生活中的我们，要学会遗忘，不要钻牛角尖，不要钻进烦恼预设的圈套，这才能真正使自己快乐起来！

贪婪是心灵上的一座大山

> 贪欲太多，人生就会变得疲惫不堪，因为心灵之舟
> 不能承载太多的重荷。否则，这会像压在你身上的一座大
> 山，会压得你身心崩溃，不能翻身，甚至粉身碎骨。

托尔斯泰说："欲望越小，人生就越幸福。"这句名言是针对那些贪婪自私、欲壑难填的人来说的，它包含着深邃的人生哲理。无度的贪婪，就像压在人们身上的一座大山而招致祸患。古今中外，那些为无休止的欲望葬送一切的人还少吗？！

罗马政治家及哲学家塞尼加说："如果你一直觉得不满，那么即使你拥有了整个世界，也会觉得伤心。"细想一下，我们所拥有的整个世界不外乎是：一天三餐，一张睡觉的床，包裹我们自己的衣服，还有与自己有关系的亲朋。这其实很简

单，即使一个极平常的人也会享受到这一切。

　　现实生活中，我们所拥有的财物，像存款、车子、房子等等，还有看不见的亲情和友情，没有一件是永远属于自己的。有的是暂时使用，有的是暂时保管，到了最后，物归何处，不得而知。因此明智的人都把这些视为身外之物。

　　有很多人为了自己的所谓"得"，而失去了自己的多少东西啊！为了生活，很多人透支着体力，很多人殚精竭虑。为了失去的亲人，很多人透支着伤痛。为了爱情，很多人透支着感情……

　　不论我们得到或失去了什么，都应该把握分寸，适可而止。过度的劳累，脑力的耗尽，抑或悲痛欲绝，抑或大喜过望，像压在心灵上的一座大山，都会造成我们精神的极大损害。所以，我们对于物质和金钱的索取不要太过贪婪，身边的例子还少吗？他们又有多少人由贪而时时提心吊胆，由贪而变贫，由贪而受到法律的处罚，由贪而丢失性命呀！

　　当然，人人都向往美好的生活，都希望自己过得幸福快乐一点，这是人之常情，只是这不能超过自己的能力，不能铤而走险，或给自己徒增无穷的压力。不要有过度的索取欲望，它会使我们一步步走向崩溃，甚至毁灭。

俗话说，有得必有失。得失是相对的，这主要看你得到的是什么，丢掉的又是什么。如果有超过本身需求的物质欲望，我们不如丢弃物质来换取友谊和亲情。其实，得与失是相辅相成的，你得到多少，就会失去多少。不要过于羡慕那些富甲一方和生活奢侈的人物，他们有的用健康的代价来换取物质的享受，有的是牺牲时间的自由来换取物质财富。说不定他们还会羡慕你呢，羡慕你的轻松和快乐。

所以说，无论做什么，都应该适可而止，做一些力所能及的事情，来换取我们生活所需就可以了。千万不能过于强迫自己，办不可能之事，生活本来应是快乐的，何必给自己徒增烦恼和压力呢？否则，就好像自己拿着鞭子把自己赶进了监狱或坟墓一样。

生活对于我们每个人来说是丰富多彩的，有的人贫穷，有的人富足，有的人漂亮，有的人丑陋。贫穷有贫穷的快乐，富裕有富裕的担忧，漂亮有漂亮的烦恼，丑陋也有丑陋的满足。总之，生活总是快乐的。那些老是叫苦连天的人们是否应该反思一下呢？要多学学那些轻松主宰生活的人群，把自己从沉重的压力中释放出来，而不要把贪婪变成压在你心灵上的一座大山。你还得戒除你吝啬和贪婪的习性。曾有位哲学家指出：

"对财产先入为主的观念，比其他事更能阻止人们过自由而高尚的生活。"

　　有一位禁欲苦行的修道者，准备离开他所住的村庄，到无人居住的山中去隐居修行，他只带了一块布当作衣服，就一个人到山中居住了。

　　后来他想到当他要洗衣服的时候，他需要另外一块布来替换，于是他就下山到村庄中，向村民们乞讨了一块布当作衣服，村民们都知道他是虔诚的修道者，于是毫不犹豫地就给了他一块布，当作换洗穿的衣服。

　　当这位修道者回到山中之后，他发觉在他居住的茅屋里面有一只老鼠，常常会在他专心打坐的时候来咬他那件准备换洗的衣服，他早就发誓一生遵守不杀生的戒律，因此他不愿意去伤害那只老鼠，但是又没有办法赶走它，所以他回到村庄中，向村民要一只猫来饲养。

　　得到了一只猫之后，他又想了——"猫要吃什么呢？我并不想让猫去吃老鼠，但总不能跟我一样只吃一些水果与野菜吧！"于是他又向村民要了一头乳牛，这样那只猫就可以靠牛奶维生。

在山中居住了一段时间以后，他发觉每天都要花很多的时间来照顾那头乳牛，于是他又回到村庄中，找到了一个可怜的流浪汉，带着这无家可归的流浪汉到山中居住，帮他照顾乳牛。

那个流浪汉在山中居住了一段时间之后，他跟修道者抱怨说："我跟你不一样，我需要一个太太，我要过正常的家庭生活。"

修道者想一想也是有道理，他不能强迫别人一定要跟他一样，过着禁欲的苦行生活……

这个故事的结果也许你已经猜到了：整个村庄都搬到了山上。

放弃就是快乐

在人生重要的关口，要想长久地辉煌下去，有时要学会放弃一些既得利益，放弃是一种睿智和清醒，更是一种智慧和超脱。对人生来说，放弃意味着幸福和快乐！

古时候，有一个辛勤耕作的农夫，一天到晚忙于田地间，日子虽说算不上富足，倒也美满和快乐。

在一天晚上，农夫做了一个美梦，梦见自己在田野里挖出了18个金身罗汉。说来奇怪，第二天，农夫拿着锄头，果然在田地里挖出了一个金身罗汉。他的亲朋好友都非常高兴。但农夫却闷闷不乐，一点也高兴不起来，成天心事重重。别人就问他："有了这个金身罗汉，你就成了百万富翁，还有什么不满足的呢？"

农夫忧伤地回答说："我只是在想，自己本来梦见了18个金身罗汉，另外的17个金身罗汉到哪里去了呢？"

俗话说，知足者常乐，贪婪者常悲。对知足者来说，即使一无所有也有生活的乐趣；对于贪婪者来说，即使得到了一个金身岁汉，也失去了生活的快乐。

我们的人生其实是一个不断选择和放下的过程，但有时鱼与熊掌往往不可兼得，如果你看见什么就想索取什么，想什么就要得到什么，而成了物质的奴隶。这种以财为重的人生观不是我们人生本身的意义，更不是一种明智的选择。那些见什么都要抓的人活得又累又可悲。事实上，他们不但抓不到所期望的东西，而且还会失去既有的东西。得不到，会加重心灵的负担，一个守财奴般的心态是不会有什么快乐和自由可言的，他们常常会身不由己地陷入形形色色的诱惑之中。所以，放弃是一种智慧，它可以给你带来生活的快乐，让你深刻体会到有失必有得的人生真谛。

对于我们来说，短短的一生有如一场旅行，如果我们像蜗牛般负重，压力会容不得我们去欣赏沿途美丽的风光。但如果我们放下身上的一些不必要的重负，人生是不是会变得轻松快乐一些呢？放弃是一种高明的智慧，也是一种人生境界。放弃身上的一切浮华虚荣，人生才能得到升华。

我们生活在这个丰富多彩的物质世界，总会遇到太多的诱惑，当你对目前的所有觉得不满足，当你得到更多时，也不见得会快乐。对于平凡的人们来说，快乐的法宝不是增加财富，而是减低欲望，知足常乐。功名利禄，只能带给我们短暂的快乐，唯有以平静的心灵投入到自己所热爱的工作中去，才会带给我们永恒的快乐。快乐是一种宝贵的财富，它不仅仅只能坐享其成，更多的时候是要亲手去发掘。当快乐的气息传递到别人身上时，总有几分也会传递给自己。

德国哲学家尼采说："世界如一座花园，展开在我们的面前。"大自然以丰富的物质世界馈赠给我们，我们手上拿着各种欲望，眼睛又看着不属于自己的各种追求，如果不学会放弃自己无度的欲求的话，我们就会与别人争个头破血流，去争那个自己本不需要的累赘。从而走入一种误区，坠入直通痛苦的深渊。

罗曼·罗兰说："人生对我们来说是不可再生资源，犹如一块煤、一桶汽油，燃过即完。"短短数十年的人生，对于广阔浩瀚的宇宙来说，实在是微不足道。我们何不快快乐乐地度过短暂的一生，让美丽的世界多一份欢乐和美好呢？一切的恩怨情仇只不过是过眼烟云，为了一点儿得失而刀光剑影实在没有必要，不如拥有一颗平常心，万事自有定数，只有顺其自然，干自己该干的事，爱自己所爱的人，才会感受到人生的快乐。

在现在这个物质文明发达的社会里，我们拥有的已经太多了，人们往往不会满足已有的东西，以为自己拥有得越多，就越幸福，自己就会越快乐。

有时，我们会为了一丁点儿利益没有得到而闷闷不乐，自己有一天终会发现自身的一切无奈、忧虑、伤心、困惑都与我们的无休止的欲望有关。有了自己的拥有，又害怕从自己手中失去，而且还会渴望一些没有得到的东西。这些"害怕失去"和"渴望得到"像一个沉重的包袱一样，使我们活得格外劳累。

上帝赋予我们一双勤劳的双手和一颗智慧的脑袋，我们必须学会正确对待手里抓着的和脑袋里想着的。有时松开你的双手，让大脑得到自由和快乐，才会使我们真正过得幸福快乐。

富有的人并不一定快乐

> 满足不在于多加燃料，而在于减少火苗；不在于累积
> 财富，而在于减少欲念。
>
> ——汤玛斯·富勒

人们常说："钱不是万能的，但没有钱是万万不能的。"而现在的人们都在拼命地追逐财富，拼命地往赚钱的大道上挤，跑得心力交瘁而不自知，跑得焦虑重重而不放弃，唯恐自己被时代抛弃。

其实金钱和快乐不能画等号，即使是富甲天下的帝王也并不一定过得愉快。

据说古代有一个国王，拥有大片的国土却快乐不起来，成天心事很重的样子，烦恼极了。他极想改变这种状态，便让大臣去寻找世上最快乐的人，给自己解开快乐之谜。

　　于是，大臣们便四处寻找世上最快乐的人，他们走了一段长长的旅程，首先他们调查了很多当官的人，结果发现他们过得并不快乐，成天和公务打交道，烦恼不堪。他们又去访问了做工的人，发现这些人，成天早出晚归，脸上净是疲惫的神色，同样也不快乐。他们后来去访问农民，农民同样有很多的烦恼。通过对各阶层的人的调查，他们一致认为：世界上没有活得快乐的人。

　　正当他们在复旨的归途中，看到路边的一个流浪汉，肮脏邋遢的衣服掩饰不住他快乐的表情，他们上前询问发现，这个流浪汉自认为自己是世界上最快乐的人。他没有什么烦恼，走累了，他就躺在地上休息到自然醒，早晨躺在暖烘烘的阳光下晒太阳。渴了、饿了，到街头的人家门口把碗一递，整天无忧无虑，无牵无挂，自在得很。

　　这个发现让官员们很惊奇，把这些天的调查翻来覆去地研究了几天，终于得出结论：活在世上本来就是一件很高兴的事情，人们所有的痛苦和不快都是由其内心产生的。

　　宫殿里有哭声，茅屋里也有笑声。在这个琳琅满目的世界，每一件东西都有各自的属性，它们并不是直接导致我们不快乐的原因。

　　人们大概都听说过，金钱买不到快乐。但对于在贫困线上苦苦挣扎的人来说，他们并不认可，如果生活中多一两成的金钱，他们认为自己会过得更加快活。但人们一旦满足了基本的生活需要之后，快乐的源泉就主要建立在一些有意义的娱乐活动和丰富的人际关系等因素上。而这些因素与金钱没有直接的关系。国外的一些心理学权威教授曾说过：那些无形的财富比有形的财富更能让人得到快乐，快乐并不是拥有更多的物质享受，而是懂得享受自己已经拥有的一切。

　　美国著名的慈善家洛克菲勒，其前半生为了追求财富，尽心竭力，但生意带来的巨大财富并没有使他快乐起来，相反，他变得忧虑，疾病缠身。医生劝说他，如果不能改变这个状态的话，恐怕他活不了多长时间。最后他接受了医生的劝告，从生意中解脱了出来，成立了洛克菲勒基金会，把他毕生积累的财富慢慢散发出去。他的基金对各项事业的发展起了很大的作用，为人类做出了极大贡献，他成了人们心目中公认的慈善家。

　　我国著名经济学家茅于轼认为："只有快乐才是人生幸福的唯一标准"。他还说："如果我们因为赚钱而使别人遭受了痛苦，那么，这钱就不如不赚。"当社会上的许多人积累了万贯家财之后，他们发现那么多钱是个累赘。一家人也只能住一套房子，再大的屁股也只能坐一辆车，再大的消费量也只能是自己的一日三餐。所以，快乐是人生的最高生活准则。茅于轼的观点是，赚钱要开心，花钱要高兴，如果仅仅把赚钱作为人生的最终追求的话，势必会沦为金钱的奴隶，会变成一个忠实的守财奴，有如巴尔扎克笔下的那个欧也妮·葛朗台。

　　有一位老太太，她有两个富有的儿子，都是较为成功的商人，两个儿子天天奔波在生意场上，根本无暇顾及她。儿媳和孙子孙女并不孝顺她，有时甚至责骂她，嫌她脏，爱唠叨，根本不去照顾她。她为了儿子们的家庭幸福，不和儿媳争执，独自搬离儿子们的家，一个人居住。虽然生活简单清苦了一些，但她感到了真正的快乐，她常常得到热情的邻居们的帮助，换煤气、捎东西、买米、买面，还有上上下下的邻居们的孩子时常过来看望她，逗她开心。

　　现在，她天天过得非常开心，只是提到她的儿子们时，她才有了一些忧郁，之后，迅速地将不快乐的事情忘掉了。很明显，大家都能感到这个老太太现在的快乐心情，同时，也让人明白金钱是换不来快乐的。

　　这样一个老太太生活在大家的关怀下，天天过得很开心快乐。可在自家富有的儿子身边却得不到温暖。

　　经常会听到一些朋友说："郁闷啊，郁闷。"为什么随着生活水平的逐步提高，反而有更多的人陷入精神苦闷之中去了呢？

　　据国外的一份调查报告显示，很多人比过去过得更加郁闷和不快。虽然现在的科技水平比数十年前大大提高，但却有90%的人比40年前与其境遇相似的人更忧伤。现在的人生活是富裕了，但由于人们过分追逐财富，并为财富所累，反而不快乐。可见金钱是买不到快乐的。

知足才能常乐

> 为所有而喜，不为所无而忧。凡事往好的一面去想，
> 这种心态比收入千镑还好。

一对清贫的乡村老夫妇想把家中唯一值点钱的一匹马拉到市场上去换点更有用的东西。于是老头儿牵着马去赶集了，他先与人换得一头母牛，又用母牛换了一只羊，再用这只羊换来一只鹅，然后又用鹅换来一只母鸡，最后用母鸡换了别人的一大袋苹果。

当他扛着大袋子来到一家小酒店歇息时，遇上两个英国人。闲聊中他谈了自己赶集的经过，两个英国人听了后哈哈大笑，说他回去准得挨老婆子一顿唠叨，老头子称绝对不会，英

国人就用一袋子金币打赌，三人于是一起回到老头子家中。

老太婆见老头子回来了，非常高兴，她兴奋地听着老头子讲赶集的经过。每次听老头子讲到用一种东西换了另一种东西时，她都十分惊喜。

她嘴里不时地说着："哦，我们有牛奶喝了！"

"哦，羊奶同样好喝。"

"哦，鹅毛多漂亮！"

"哦，我们有鸡蛋吃了！"

最后，听到老头子背回一袋已经开始腐烂的苹果时，她同样不急不恼，大声说："哦，我们今晚就可以吃到苹果馅饼了！"

结果，英国人输掉了一袋金币。

这是丹麦著名童话作家安徒生讲的一个故事，故事中的老夫妇是多么和美快乐。他们不会为失去一匹马而惋惜与埋怨，虽然最后手里只有一袋开始腐烂的苹果，他们也为能吃到苹果馅饼而高兴。老夫妇看似傻呵呵的，但他们对生活随和、乐观、满足，确实容易感到快乐。

其实，想要获得快乐很简单，它只是取决于我们对生活的态度。如果你真诚地对待生活，生活也会真诚地对待你；如果你糊弄生活，生活也会糊弄你；如果你对生活存有感激，同样生活也会给你带来欣喜。获得快乐就是如此简单。

如果你拥有生活中的一切还不感到满足，只是由于偶尔失去　点就认为上苍有愧于你，你就是在为自己制造不幸，你必然不会有快乐的时候。

有一个富翁因为实在太富有了，所以凡事都要求最好的。

有一天他喉咙发炎，这不过是一个小毛病，任何一位大夫都可以治得好，但是由于他求好心切，他一定要找到一个最好的医生来为他诊治。

于是他花费了无数的金钱，走遍各地寻找医病高手。每个地方的人们都告诉当地有名医，但他总是认为别的地方一定还有更好的医生，所以他马不停蹄地继续寻找。

直到有一天他路过一个偏僻的小村庄时，病情已经变得非常严重了，恶化成脓的扁桃腺需要马上开刀，否则性命难保，但是当地却没有一个能动手术的医生。结果，这个家财万贯的富翁，居然因为一个小小的扁桃腺炎而一命呜呼。

这位富翁死了，与其说他死于扁桃腺炎，还不如说他死于心理上的不知足。他在物质上是富有的，但是他在精神上却是一个彻彻底底的穷人。他不满意任何他已经得到的，在心理上永远不会得到满足，因此他不可能感到快乐，他的不满足就是造成他不幸的根源。与这位富翁相比，虽然从实际财产而言，那对乡村老夫妇是清贫的，但他们的精神是富有的，所以他们也是快乐的。

　　我们的人生仅仅数十年，像什么财富、虚名和高位等等，只不过是身外之物而已，生不带来，死不带去。你即使无时无刻不再追逐它，对于贪心的人来说，还是永不会有满足的时候，还会给你带无穷的烦恼。我们之所以活得不快乐，往往是因为我们的不知足造成的。

　　生活中的很多不快乐，都是由于人们的贪心造成的，都是自找的。往往欲望到达一个台阶后，还想迈向更高的台阶，这些无休止的欲望是导致我们烦恼的原因。生活其实是波浪式的，有波峰，也必有波谷。波谷中人容易沮丧，而即使在波峰的时候，也容易忘记自己所处的优越，即对幸福习以为常了，就不会感觉到快乐了。

　　无事做时因无聊苦恼；忙碌时因辛苦烦恼；穷了发愁，富了担心；对生活，我们经常只有吞咽而无咀嚼，只是经过而不回眸；不快乐，就是因为我们想得到的太多，从而使我们快乐不起来。其实真正的人生是一种对纷繁诱惑的超越，对生命的透彻领悟以及一种内心坦荡明朗的境界。

沧海桑田，谁也不能逃离人生的潮起潮落，摆脱不了方方面面的失意琐事，但如果能随遇而安，淡泊宁静，就可以品味出一种知足快乐的人生。知足常乐，是一种安于平凡而又随遇而安的心境，是生活的一种自然流露，是一种自然的挥洒：机遇来时，及时抓住；机遇未到时，淡然处之而不失乐趣。不管别人如何飞黄腾达，自己不妄生羡慕，粗茶淡饭照样健康美好，总之，快乐就存在于自己知足的感觉中。

学会知足，自己以一颗超然的心去面对一切，得之不惊，失之不怒。不为功利牵累，不为凡尘侵扰，不被烦恼左右。使自己不断得以升华，它可以使我们的生活不必装饰得表面上绚丽，却实实在在安然而踏实。

第三章

健康生活

穷日子也舒坦

> 快乐和幸福一样，只是个人的感受和心境的体验。我
> 们很难判断一个人过得是否幸福快乐，快乐、贫富和地位没
> 有必然的联系，而与一个人的人生观和世界观有联系：一个
> 一贫如洗的人心怀坦荡，他就可以成为一个快乐的人；一个
> 腰缠万贯的人如果狭隘自私，他就不会获得人生真正意义的
> 快乐。通常，穷日子有一种让人奋发向上的动力。

生活中，人们大都认为穷日子不好过，少吃缺穿，谁也不
愿意去过那个穷日子。现在的物质生活相对从前来说大大丰富
起来，但现在的人似乎活得更不快乐，总有很多人出现这样或
那样的心理问题，很多人都生活在很大的压力之中，面对越来
越多的财富，人们脸上的笑容却没有增加多少，反而是很多人
很忧虑，心情越来越郁闷，越来越差。

有的人穷，整天怨天尤人，嫌工资低，嫌自己的爱人没有出息，整天拍桌子砸碗，弄得家里毫无温馨的迹象，天天生活在忧愁和烦恼之中，他们认为金钱就等于快乐和幸福。

有的人虽然穷，但他们接受现实，对生活总是有说有笑，虽然物质生活不是那么丰富，但也过得自信洒脱，他们的日子过得充实而又惬意。其实，穷日子也有穷日子的快乐和幸福，富日子也有富日子的苦恼。

其实，我们只要把心态放正，也能把穷日子过得精彩，以前，很多人家都是过着缺衣少吃的穷日子，有的人家却能够积极快乐地拥抱生活，不抱怨、不失意，他们成功地走过了一道道坎，久而久之，他们积累了丰富的经验和财富。像他们这种殷实的生活是用自己的汗水挣来的。

我们在生活中即使没有多少财富，也要学着乐观一些，这是一种生活的智慧，勤勤恳恳，用信念做舟，终有一天会到达自己的理想目的地。他们的物质生活虽然不那么富有，但在他们的脑海中却有着一个精神的大花园，为了它，耕耘不辍，最终会换来硕果累累。就像很多人所表白的："我们虽然是穷人，可我们志不穷，为了我们的生活过得快快乐乐，充实而又有意义，也会吃得好，睡得香，总有一天，我们也会来个一飞冲天的。"

穷人的日子，虽然房子不大，但也能住下；收入不高，刚好维持生活，虽然不能天天喝咖啡，不能顿顿进餐馆，没有私家车……但也可以给自己做一顿可口的饭菜。我们以自己的好心情，舒坦地度过了一天又一天。

所以，幸福和快乐不会专门眷顾富人，它没有一个固定的模式，即使是贫穷的人们照样可以享受舒坦的日子。对于一个女孩来说，嫁给穷人，只要认真快乐地把握生活，日子同样会过得舒坦，眼下贫穷并不是说一辈子都要过穷日子，俗话说，三十年河东，三十年河西。穷人对于财富的渴求和对生活的热爱正是生活所需要的色彩，因为社会有了你的存在和渲染，会更加真实而有意义，很多富人不都是这样从穷日子中走过来的吗？

特别是那些白手起家的夫妇，当他们风雨同舟，度过了很多苦中有乐的日子，换来了自己的财富，共同流出的汗水，共同走出来的路途才是甘甜的。这样的婚姻必能经受得住大风大浪的冲击。

穷日子不一定不是好日子，富日子也不一定是好日子。好日子实际就掌握在自己的手中，只要脚踏实地，家庭和睦，正所谓"夫衣褴褛，妻衣亦俗。人生浮沉，甘苦与共"。这难道不也是人生的一种最高境界吗？

学会避开矛盾

　　人们都说，爱有多深，恨有多深；情有多厚，伤有多重。亲友之间，因为"情"字的存在，才有了不高兴和顾忌的事情，就会在意对方的一举一动，他们的行为往往决定着我们的喜怒哀乐。因此，越是亲密的人，越要注意把握分寸，学会避开矛盾，一时的过错，可能造成不可挽回的后果。

很多人都知道苏格拉底有一个泼辣的老婆，她既强悍又心胸狭隘。她常对大哲学家苏格拉底破口大骂，常让这位著名的哲学家尴尬不已。很多人认为，苏格拉底娶了那样一位粗暴的妻子，是对他的哲学的一种嘲弄，他们之间出现了种种趣闻逸事，苏格拉底常常是"秀才遇着兵，有理说不清"。

　　苏格拉底身边的人都忍不住问他："你为什么要娶这个女人？"苏格拉底回答说："擅长马术的人总要挑烈马骑，骑惯了烈马，驾驭其他的马就不在话下了。我如果能忍受得了这样女人的话，恐怕天下就再也没有难于相处的人了。"这话确实包含了深刻的人生学问和智慧：即使是一个很坏的人，也能成就我们的修养。

　　每当苏格拉底那位粗暴的妻子脾气发作，恶语相加时，苏格拉底总能自己避开矛盾，默默忍受，表面上遭受了妻子的辱骂，但苏格拉底学会了在他妻子的喋喋不休中净化自己的精神。

　　一次，苏格拉底正和学生们对一个学术问题交流正酣的时候，他的妻子怒气冲冲地从外面冲进来，把苏格拉底骂了个狗血喷头，又提来一桶水，猛地泼到苏格拉底的身上，把他浇了个落汤鸡，令在场的学生都忍俊不禁，都以为苏格拉底会把妻子怒斥一顿，但苏格拉底望着湿淋淋的衣服，幽默地说："我知道，闪电过后，必有一场大雨。"此语又让在场的学生们哄堂大笑。

　　对于苏格拉底的妻子来说，生活对她来说，也不是多么公平，苏格拉底常常赤着脚、穿着破旧的披风，整天游走于小贩、醉汉和艺妓之间时，她常被严厉的父亲训斥："他什么也不做，一个只会耍嘴皮子，甚至连一双鞋也没有的叫花子，你跟他生活，就是为了饿肚子吗？"她卖橄榄换来的一点钱用完了，面粉吃光了，油也没有了。她委屈地啜泣着："这是连奴隶都不如的日子。"

照这样看来，他们之间的爱情一定不会幸福快乐吧？他们对自己的爱情是怎么看待的呢？

在苏格拉底被处决前，他的妻子随着狱吏来到苏格拉底的床前，高喊着："他永远是我的！"腰板挺直、打扮端庄的她不失美丽和体面，整个面容都带着一种庄重的气质，她知道这是他所喜欢的。她说："过不了多久我会随你而去的。"并且庄重地对着太阳说："我的丈夫是一个伟大而智慧的人。"

在苏格拉底眼中，妻子是一匹可爱又执拗的小马，勇敢大胆，桀骜不驯。他爱她的一切。临刑前，他对儿子说："对妈妈要和气。"他把妻子披散下来的一小缕头发拢回原处，说，"你知道我们是彼此相爱的。当你对我唠叨时，我心里就好受些。你也知道，我甚至乐意听你唠叨。等着吧，我们会在极乐世界见面的，在那里我将报答你一切。"

就是这样，两个在生活中摩擦不断，又不失恩爱的一对，苏格拉底以他的睿智宽容着他的妻子，他总是避开矛盾。同样缺衣少吃的妻子也深爱着她的丈夫，他们的生活中不仅仅是粗暴和谩骂，幸福和快乐也充斥其中。

家庭成员之间都有很多陈芝麻烂谷子的事情，这并没有什么大不了的，关键是我们如何对待，如果双方本着理解的态度，两个人的生活就不会起波澜，如果双方有一方宽容大度一些，就不会有纷争，假如都想让对方来服从自己的意志就不会有好日子过了，大打出手、离婚、杀母弑父等情况都有可能发生。

随着社会节奏的加快，人们的压力不断加大，不只在家庭中出现这样或那样的问题，比如经济问题、态度问题等等。工作中出现的矛盾甚至会更多。被压力和浮躁充斥的我们只要理智地处事，不为对方的一言一行斤斤计较，就会化干戈为玉帛。

"身体来自父母""可怜天下父母心"，哪一个父母不对自己的子女倾注了大量的心血，哪一个父母不望子成龙、望女成凤，父母对我们的关爱情深似海，作为儿女怎么能为了一点小事而惹父母不快呢？如此即使是父母做错了，我们能不能从理解的角度出发，了解父母的苦心，如此我们的生活还会有矛盾吗？

在生活中，我们要学会避免矛盾，最好能使各家庭成员之间多商议和沟通。另外，还要学会换位思考，及时地化解矛盾。

（1）对一些家庭矛盾，可以暂时回避，等双方的"火"消了，再逐步化解。

（2）学会尊重对方，不能粗暴地侵犯对方权利，家庭也要讲究民主。

（3）家庭矛盾僵持时，首先要改变自己，并转换自己的态度。

（4）对家庭矛盾要有深刻的认识，只要家庭存在，矛盾就不会消失，关键是如何化解。

（5）自己要对家庭负责，对家庭成员和蔼，控制自己的冲动。

（6）家庭矛盾最好由家庭成员间内部解决，必要时，可以找亲友来帮忙化解，万不可轻易上告起诉。

（7）世上没有完美的人，要学会宽容对方的一些缺点，学会用深沉的爱去解决矛盾。

（8）即使作为"户主"，也不要独断专行，对家庭成员的事粗暴干涉，要多做一些商讨。

（9）解决矛盾时，不要光揪着对方的缺点不放，多想想对方为家庭带来的快乐和贡献。

家和万事兴

　　　　家庭和事业各占我们人生一半的幸福快乐，生活在一
个温馨的家庭里，可以使我们得到一半的快乐，这一半的
快乐又可以帮助我们战胜外界的各种纷扰。如果一个人的
"后院"失了火，"前院"也往往难以顾及。这正应了那
句富有意义和哲理的话"家和万事兴"。

　　很久以前，有两个兄弟，哥哥已经结婚，有了妻子儿女，
而弟弟还是独身。两兄弟都是非常勤劳的农夫。父亲死时，把
财产分给了两兄弟。兄弟俩辛勤劳作，并将收获的粮食公平地
分成两份，各自存放在自己的仓库里。到了晚上，弟弟想，哥
哥有妻子儿女，开销大，所以从自己所得的份额中，拿出了一
部分移到哥哥的仓库里。而哥哥却认为自己有妻子儿女，没有

后顾之忧，而弟弟还是独身，应该为以后的生活多做准备，于是就把自己的一部分粮食趁着天黑搬到了弟弟的仓库里。

第二天早上，兄弟俩醒来后到仓库里一看，东西都一点不少地放在那里。第二天晚上、第三天晚上都这样，他俩不约而同地连续搬运了三个晚上。第四个晚上，兄弟俩在将自己的东西搬到对方仓库去的路上相遇了。两个人终于知道对方的心意，不约而同地扔下手上的粮食，紧紧地抱在一起哭了。他们的事迹感动了一个老员外，老员外就让弟弟当了自己的管家，不出几年，兄弟俩就过上了人人羡慕的生活。

俗话说，众人一心，其利断金。同样，对于一个家庭来说也是这样。只有家庭和睦，才能产生积极向上的力量，获得个人、家庭的兴旺发达。一个人的家是不完整的家，完整的家需要每一个家庭成员的努力奉献。

对我们每个人来说，只有"家和"才是获得幸福快乐的基础，是我们奋斗一天后的温馨港湾，让我们得到休息后，迎来第二天继续挑战的激情。一个互谅互解、处处融洽、充满温馨的和谐家庭，就是一个充满尊重、爱、幸福、责任的社会细胞。生活在这样的家庭里，我们会感到愉快而幸福，我们会有更多的激情来创造我们幸福快乐的生活。

　　家庭关系的好坏对我们的影响很大，随着社会和经济的发展，生在不同年代的人就会有不同的思想和看法，对同一个事件，家庭成员之间会有不同的看法，如果作为家长的你，强制家人执行自己的决定，势必会造成某种不愉快的发生。所以，处理好各个家庭成员之间的关系非常重要，这时，我们应抛弃家长专制的作风，现在不同于那个"夫权、神权"的封建社会。作为家长，要善于尊重每一个家庭成员的意见，用充满爱的眼光，用尊重的心和信任，对不一致的想法给予谅解和宽容，而不是打骂相加，多支持和帮助相同的志向和计划。

　　家庭生活离不开柴米油盐和一些小事情，这些小事情是最现实、琐碎的生活细节。它是我们每天必须面对的内容，有的人感觉乏味，有的人则感到其乐融融，家是每一个家庭成员共同的家，它需要全体成员怀着积极的心态来拥抱。只要我们留心，有时只需一点儿小技巧就可以使自己的家庭处于温馨的氛围中。比如，在结婚纪念日买一束鲜花送给爱人，子女取得成绩时给予其鼓励或适当的物质奖励，一定会激发他的积极性。父母的生日时与他们一起庆祝让老人愉快地享受天伦之乐，不也是一种快乐幸福吗？依此方式，全体家庭成员都会倍感快乐幸福的。

　　我们这个社会是非常看重家庭的，比如，人们择偶，先看对方的家庭状况，一个经常狼烟弥漫的家庭必为人们所忌讳的。家和万事兴，一个和谐的家庭必让别人尊重和羡慕，家庭和谐的人在事业上更容易取得成功，进而共同提升和谐家庭的生活品质，去获取人生的快乐和辉煌。

别把烦恼带回家

　　　情绪具有传导性，好情绪的传导性是有积极意义的，
而坏情绪却截然相反。当你烦恼时，家里人也会不开心，
所以，我们不要把外面的纷争带到自己的平静港湾里来。

　　有这样一个家庭，在他家的门上，醒目地挂着一块方木牌，上面写着："进门前请丢掉烦恼；回家时，带快乐回来。"寥寥数语，却蕴含着深刻的道理。

　　刚下班回来的男主人笑容可掬，孩子也彬彬有礼，好像有一种久违的温馨，一种家的和谐，一种暖意融融的感觉。

　　有邻居问起那块小木牌时，女主人幸福地笑笑说："这可是我们共同的创造。其实也没有什么，主要是提醒自己，作为女主人，应当把这个家庭管理得更好。一次，当我在镜子

里看到一张充满疲惫、晦涩、无光的脸，还有一双失神的眼睛，这个形象把我自己吓了一大跳。于是想到，当丈夫和孩子看到我这副模样的时候，会有什么感想？如果我面对这样的面孔时，又会有什么感觉？然后，我又想到孩子为什么常在吃饭时沉默不语，丈夫也一副冷淡的表情……在这些背后，隐藏的真正原因都在于我本身。我感到非常可怕。当天，我就和丈夫进行了一次长谈，第二天就写了那个木牌挂到了门上，时时提醒自己，结果是提醒了自己，家人也受到了感染，每天其乐融融。"这真是一个有心思、有智慧的女人。

　　有时，我们的一颦一笑都会传染给家人，人生怎么会没有矛盾，但你也不要为此烦恼，我们可以使自己忙起来，无时间顾及这些烦恼，还可以找亲朋倾诉，或者多从别的角度考虑问题，从而把烦恼化解在无声无息中。总之，从外面回来进家门时，尽量给自己的家人一个舒心的笑容，让家人尽享温暖快乐。

　　家是温暖的港湾，不要因为我们不高兴的情绪，而影响了整个家庭的气氛，而且为什么我们非得选择烦恼呢。所以，我们要选择快乐，把所有的烦恼不快弃之脑后，给家人一个笑脸，给朋友一个笑脸，甚至给陌生人一个笑脸。因为笑容能遮盖一切的伤痛，以一种积极的态度来化解一切不利情况。

　　当我们在外面受到了不公正的待遇时，不必化成怨气而发泄到家人身上，我们何必在意别人的评价，只要活出了一个真实的自己就行了，实在没有必要在意别人的眼光，更不必让家人背上无辜的包袱、流下伤心的泪水。

　　因此，在我们临进家门前，先调整一下自己的情绪，让一切的忧愁都化作一阵风飞逝而去，留给家人一个惊喜动人的笑容，也让家人多一分欢心和快乐。

　　家是温暖的港湾，爱的栖息地，一个充满温暖、和睦气氛的家庭会使每个家庭成员生活在一种精神快乐的状态之中。反之，看这不顺眼，看那也不顺眼，动辄就对家人打骂的行为，对任何一个家人的心理上的影响都是消极的。甚至有很多人与别人共事时，先看对方处于怎样的一个家庭境况，以确定他的品质和他的为人。

　　世间没有完美的人生，什么事情也都不是那么完美，但什么事情都是可以解决的。车到山前必有路，柳暗花明又一村。遇事多看开一些，多开心一些，学会呵护家人，不把烦恼带回家，让家人享受实实在在的温馨快乐。

清除心灵的误会

> 一般说来，被别人误解，人们还不会太在意，如果被家人误解，那就不一样了，被家人误解的结果是委屈、伤心、焦躁和愤懑，好像杂草一般，在心中挥之不去，完全失去了往日浓浓的祥和气氛，杀伤力往往很大。误解双方应该平静下来，拿出自己的行动去化解。

当我们所有家庭成员的矛头指向一个人的时候，误解产生的杀伤力是惊人的，这时，我们不妨从对方的角度多考虑考虑，站在对方的立场多想一想，尽可能保持谅解对方的态度。

如何消除误会？首先要预防误会，尽量不给别人以遐想的理由，如我们不要经常单独和异性同事一块儿出去吃饭和旅游等等。另外就是，我们做事的时候，尽可能地大方一点，想得周到一点儿，这样也会避免误会的产生。特别是与自己的父母、妻小的看法不一致时，也要心平气和地去处理。

当我们陷入误会的沼泽时，遭受随之而来的尴尬和烦恼是自然的，质问方怒气冲冲，充满怨恨、敌视；被误会的一方满腹狐疑，委屈压抑，双方隔阂越陷越深，而且一谈即崩，大有新的误会接踵而来之势，此时，只要我们不走极端，及时调整自己的情绪，采取积极有效的方式予以排除，就可以使自己尽快地轻松高兴起来。这时，不要一味地为自己辩解，总认为自己正确无误。正因为这样，心里怀有委屈而不被理解的家庭成员不愿意开口作任何解释，这阻碍了交流，使误会更深。而其他的家庭成员在没有了解真相之前，不妨大度些，试着让被误会的家庭成员说出问题的真相，查清问题的来龙去脉，误会便会慢慢消散。

有时，误会并不能以三言两语解释清楚，解释不清，干脆就不解释，只要自己用相反的行动来证明自己。例如，当你的妻子误解你同某一位异性有暧昧关系，使你有口难辩时，其实你只要和你的爱人朝夕相伴、亲密无间，并让自己的手机和电子邮件找不到任何蛛丝马迹，她找不到任何破绽，误解也就没有了。

清除心中的杂草，化解疙瘩，要选择最佳时机，一定要考虑对方的心情等等情感因素。你可以选择涨工资、提干和结婚纪念日等喜庆的日子里，此时对方心情愉快，心情放松而自在，心胸也宽广一些，抓住时机来表明你的清白，否则你就会陷入被动之中。

当男人遭受妻子误会时，妻子常会以泪洗面，往往还会把怨气撒在孩子身上，或打或骂，也会冷落丈夫。作为丈夫，要尽可能地大度一些，不妨多开导她、劝劝她，甚至逗逗她，天天陪伴她，其实，女人心里还是深爱自己的丈夫的。

如果和父母产生误会时，自己除了解释外，还可以表现得乖一点儿，多做一些让他们开心的事情。大度的父母肯定会原谅子女的。

误会，只是暂时的假象，它毕竟经受不住时间的考验，不管你是误会别人，还是被别人误会，都应从大局出发，行事大方，做事想得周到一些，这样，你就可以避免很多误会。

不要试图去改变对方

> 我们每个人都有不同的性格、爱好和经历，你不能以你的尺度去要求你的家人。试图改变对方的人会活得很痛苦，任其自然发展的人，才是聪明的人，因为对方如果是谷子，收获的就是谷子，如果是玉米，收获的就是玉米。

古时候，有个国王问他身边的武士："女人最需要的东西是什么？"武士想了想说："金钱。"国王摇了摇头。武士又说："美貌。"国王仍旧摇头。武士又沉思了一下说："是权力。"他的话仍被国王否定了。

后来，国王容许武士周游列国寻找答案。武士在路上遇到一个丑陋的巫婆，武士把自己的问题对巫婆讲了。巫婆说，告诉他答案也可以，但必须得答应娶她为妻。武士答应了她，在举行婚礼的那天，巫婆说："女人最需要的是把握自己的命运。"在当晚的洞房花烛夜，武士发现丑陋的巫婆变成了一个美丽的少女，少女对她的丈夫说道："如果我白天是漂亮的女人，晚上就会变成丑陋的巫婆；如果我白天是个丑陋的巫婆，晚上就会变成美丽的少女。你可以选择，你选哪一种呢？"

是啊！是选择前者还是选择后者呢？具有强烈虚荣心的人会十分在意其他人对自己的评价，也会在意自己的一举一动对别人产生的影响，有的甚至忍受自己的噩梦宁愿把自己的老婆当成一种装饰品来炫耀；追求自我的人会格外注重自己的主观感受，宁可要晚上的天仙也不要别人的评头论足。你又是哪一种人呢？

最后，她的丈夫聪明地答道："你认为女人最需要的是掌握自己的命运，那就由你决定吧！"于是，武士的妻子白天是一个美丽贤淑的女人，晚上则是一个浪漫曼妙的少女。

这个寓言是说，你不要试图改变你的爱人，让他们掌握自己的命运，结果将会给自己或他人带来无比的幸福和快乐。

恋爱中的你不要试图改变你的恋人，你不必要求他或她在你生日的时候，必须送上一个蛋糕，也不要强求在你们吵架的时候，必须让对方先向自己示弱才行，也不要要求对方做出一些有违心意的事来，最重要的是，只要心中不变的是那浓浓的爱意就足够了。

我们都有自己的个性和特点，你就是你，你的爱人就是你的爱人，你们都是独立的个体，都要保持自己的本色才行。所以这就要求双方尊重对方的性格，不霸道。

每个人都是不同的，高仓健是高大而帅气的，但他不是模板，即使是，也只能是一个样子而已；我国的四大美人也不是模板，即使是，也只能是美丽的外表而已，而决定我们过得幸福快乐与否的往往是对方的灵魂。我们不应把恋人标准化，四大美人也不是完美的化身，如果你想把自己的恋人调教成你心中的样子，恐怕只会带给你失望。

不要试图改变对方，任他或她海阔天空、自由自在地飞翔，飞累了，必会回到你们共同的爱巢中。爱上了对方，就等于接纳了这个人，就等于接纳了这个人的所有，谁也不能保证他或她没有一点儿瑕疵，但只要忠于对方，拥有幸福快乐的爱情就足够了，你还想企求什么呢？

第四章

让工作更快乐

以良好的心态对待工作

　　　　当我们回想过去，我们不难发现，自己在很多时候也去消极地看待所有身边发生的事情，总是生活在谩骂、批评、抱怨和四处发牢骚的日子里，对自己的工作没有丝毫激情，只能在无奈和无尽的抱怨中浪费着自己的生命。事实上，只要你能够改变自己的处事态度，试着从消极中崛起，你的生活就会充满欢乐，就会过得非常的精彩。

　　一位心理学家在研究过程中，为了实地了解人们对于同一件事情在心理上所反映出来的个体差异，他来到一所正在建设中的大教堂，对现场忙碌的敲石工人进行访问。

　　心理学家问他遇到的第一个工人："请问你在做什么？"

　　这个工人很烦躁："在做什么？你没看到吗？我正在用这

个重得要命的铁锤，来敲碎这些该死的石头。而这些石头又特别的硬，害得我的手酸麻不已，这真不是人干的工作。"

心理学家又找到第二位工人："请问你在做什么？"

第二位工人无奈地答道："为了每周500元的工资，我才会做这份工作，若不是为了一家人的温饱，谁愿意干这份敲石头的粗活儿？"

心理学家问第三位工人："请问你在做什么？"

第三位工人眼中闪烁着喜悦的神采："我正参与兴建这座雄伟华丽的大楼。落成之后，这里可以容纳很多人来工作，虽然敲石头的工作并不轻松，但当我想到，将来会有无数的人来到这儿快乐地工作，心中就感到特别有意义。"

同样的工作，同样的环境，却有如此截然不同的态度。

第一种工人，是完全被动的人。可以设想，在不久的将来，他将不会得到任何工作的眷顾，甚至可能是生活的弃儿。

第二种工人，是麻木的，是为钱而工作的人。对他们抱有任何指望肯定是徒劳的，因为他们抱着只为薪水而工作的态度，为了工作而工作。他们不是企业可依靠和领导可信赖的员工。

该用什么语言赞美第三种人呢？在他们身上，看不到丝毫抱怨和不耐烦的痕迹。相反，他们是具有高度责任感和创造力的人，他们充分享受着工作的乐趣和荣誉，同时，因为他们的努力工作，工作也带给他们足够的荣誉。他们就是我们想要的那种员工，他们是最优秀的员工。

第三种工人，完美地体现了工作的哲学：自动自发，自我奖励，视工作为快乐。相信这样的工作哲学，是每一个团队都乐于极力推广的。持有这种工作哲学的员工，就是每一个企业所追求和寻找的员工。他所在的企业，他的工作，会给他最大的回报。

实际生活中，很多雇员总是对工作怀有一种消极的心态，认为自己只是一个普普通通的员工，只是受老板的雇用而工作，因而自己应该做的就只是那些与职责相关，并与自己所得薪水相称的工作。这样的工作心态，使得他只盯着分内的那些工作，而不愿额外多做一些，还时常会觉得工作是多么的枯燥无味，不断抱怨老板苛刻，于是连分内的那些工作都不努力去做，被动地应付上司分配下来的工作，敷衍了事，得过且过。这类员工是没有任何成功机会的，他们的心态只把自己当作一个员工，为了工作而工作，殊不知，这样的后果是最后连员工都当不成。

要想在职场上有所成就，就应当赶快抛弃这样错误的心态，认识自己可能在职业上发挥的价值。无论你现在做什么，处于哪个职位，薪水是高是低，你都不应该只把自己当作公司中的一个雇员，只是为老板打工。应该像那些在职业上成功的人一样，把自己看作公司的拥有者一样工作。

态度决定一切。摆正了你的工作心态，你就成了公司活跃的一分子，那就意味着你对工作是看重的，是积极诚恳的，总是在负责任地为公司着想，主动为老板排忧解难。如果人人都能做到这一点，任何一个公司都会发生很显著的变化，蓬勃发展也是指日可待，至少你会发现当每个人都在工作上多做一些小事时，公司会在资源的消耗上省下一大笔资金。如果你很好地做到了，你的老板就会发现你对公司的价值并不仅仅限于一名雇员，因为你的所作所为已经超出一名雇员的职责和贡献，你的敬业态度可以为公司带来无形的价值，你可以有机会进入公司的管理层，最重要的是你身上有成为老板的潜力和气质。

拥有这样的心态，你面对工作的时候就会获取比别人更多的乐趣。你早出晚归地努力工作，做出比别人更好更多的产品，你身边的人，尤其是你的老板会对你另眼相看。

"只把自己当作雇员"的心态是消极有害的，应该以怎样的心态来对待工作呢？答案是：良好积极的心态。

培养你工作中的热情

　　对于我们来说，热情是我们工作的一种动力。它能鼓舞和激励我们采取积极的行动，让我们为了实现我们的目标而努力奋斗，让工作在工作时不再显得辛苦、单调。只要我们具有热情，我们的工作热情不仅能感染我们的同事，还能激发和我们接触的每一个人和我们一起奋斗，共同创造美好生活。

　　拿破仑的成功就是最好的体现，他每次发动战争都比别人快，别人需要准备一年的战争，他只用两周或更短的时间就准备好了。是什么原因致使拿破仑能这样快呢？很简单，因为拿破仑拥有他人无法比拟的热情。这一切都是热情给予了拿破仑和他的士兵从一个胜利走向另一个胜利的力量，使他们拥有着无比的精神和无比的勇气。

拥有热情，拥有生活；拥有热情，拥有未来。热情自始至终都在改变着我们的生活，热情是我们实现自我的起点，热情也是生命的终点。观看历史，观看中外，许多伟人，他们无一不是依靠满腔的热情来改变自己的命运。

人的一生，总是体现激昂向上、创造冲动的本质。工作使我们的生命更加充实，是生命的重要价值。人不可能拥有第二次生命，所以生命是我们最珍贵的宝物。为了我们珍贵的宝物，我们需要对工作充满热情，因为那是对生命充满热情的重要表现。

一切的生活改变，都是源于热情而改变的，爱默生说，"缺乏热忱，难以成大事"。事实也正如他所说的一样。

现在的战争片你也许看过无数，但你看过哪一支军队缺少热情而战无不胜？肯定是没有。又看到过哪一支军队拥有无法比拟的热情而常常战败？同样也没有。军队的士兵如此，公司的员工也如此，缺少热情的员工是不能长久发展下去的，我们很难想象一个缺少热情的员工还能不断地拓展业务。所以，我们需要的是那些怀着满腔热情工作的人，是那些将工作中的奋斗和拼搏当作是人生乐趣和荣耀的人。记得有位成功人士曾说过这样一段话："只要我们拥有对生活和对工作的热情，我们就会激发出强大的力量，这种力量将会使我们充分地发挥我们的能量，使我们在工作中充满激情，然后沿着我们制定的目标前进，这样，我们在成功的道路上就会越走越宽阔。"这是一段多么经典的话啊！热情还不止这些，它还能使你快乐、幸福，它还能让你把一切烦恼丢在身后，迎向明天的太阳。

杜兰克对热情有着自己的理解，在他的作品中有这样一段话："热情对于我来说是一份资产，对于别人来说也同样是。热情可以分享给别人一部分，但它不会减少还会增加。热情还会让你无谓地付出，当你付出越多时，你得到的也就越多。"

是啊！愚者会肯定地说，他生命中最大的财富将是他所有的物质金钱，而智者他们坚信生命中最大的奖励不是来自财富的不断积累，而是由热忱带来的精神上的满足。这就是愚者和智者的不同。

有一个小姑娘，她在一家公司上班，她每天都兴致勃勃地工作，努力使自己的老板和客户都满意，她言行中的热忱是一种神奇的元素，她时不时地吸引着她的老板、同事、客户和任何其他的人。对此她说："热情是我生命的开始，也是我人生成功的基石。"

当然，只要我们具有了热情，我们就会有一种良好的工作状态，正是因为我们有了这种工作状态，我们就不会觉得辛苦，我们就会把工作当作一种乐趣，就会把萦绕在自己心头的意念印在我们的潜意识中，当我们成功时，就会有一种成就感。同时，你的热情也可以不断传递给别人，和长篇大论或者华丽的辞藻相比，你的热情能更有力地传达你的想法，使别人认同你的观点。

只要你有过一段工作经历就会发现，在工作过程中，你的工作方式都是从不成熟到成熟的。刚开始是由于陌生而产生新奇，在你的好奇心的引导下，你就会想尽一切办法去了解工作、熟悉工作、干好工作。如果你具备了这种工作状态，你就会对工作充满热情，你就会投入所有的精力去适应工作。当你一旦熟悉了工作的性质和程序后，日常习惯代替了新奇感，产生懈怠的心理和情绪，便容易故步自封而不求上进。

相同的工作，由不同的人来做，所产生的结果是不一样的。为什么会这样呢？这是由他们所拥有的热情程度所决定的。有热情的人不会偷懒，在他工作起来时就会变得有活力，工作干得有声有色，创造出许多辉煌的业绩。没有热情的人，在他工作的时候，他就会变得懒散，对工作冷漠处之，也不会有什么发明创造，潜在能力也无所发挥，别人也不会关心他；他便成为企业里可有可无的人，可能失去继续从事这份职业的资格。可见，培养热情是竞争中至关重要的。

热情地对待工作

> 热情是内心的光辉—— 一种炙热的精神的特质，如
> 果将这种特质注入你的奋斗之中，那么你无论面对什么样
> 的困难都将所向披靡，战无不胜。

有这样一家公司，在一年前，公司员工的脸上常常挂着一
脸的疲惫，大部分人都对自己的工作感到了厌倦，有一部分人
已经开始写辞职报告准备走人了。这家公司的业绩非常糟糕。
可一年后，这家公司已经变了一个样，公司里的员工都充满了
热情，公司的业绩也相当出色。这是什么原因呢?

一年前，正当公司的大部分员工要辞职走人的时候，公司
里来了一位叫里杰的主管，年龄不大，才25岁。里杰来到公司
后，他改变了这里的一切，他对待工作充满了热情，这种精神

状态燃起了其他员工胸中的热情火焰。

　　每天里杰都是第一个到公司的，遇到每一个员工，他都微笑着打招呼。工作时，他容光焕发，使公司焕然一新。中午休息时，他会给员工讲一些有趣的小故事，他还给员工们买来了一套音箱，在饭后放一些火爆的音乐给员工听，在员工疲劳的时候他又会放一些放松心情的音乐给大家。在工作的过程中，他调动自己身上的潜力，开发新的工作方法。在他的影响下，那些将要离开的员工也留了下来，并且学里杰一样，早来晚归，斗志昂扬，纵然有时候腹中饥饿，也舍不得离开自己的工作岗位。每到周六、周日，大部分员工都会来到公司，他们上午加班工作，到了下午就在公司里搞活动。

　　就这样一年之间，这家公司已经是一个充满了活力、业绩不断上升的优秀公司了，在那里的每一个员工对自己的工作都充满了热情和骄傲，里杰也坐上了公司副总的位子。

　　我们只有热爱生命，热爱生活，才能为自己的事业倾注足够的热情，才能在自己的领域中做出杰出的成就。正是由于对生活、对生命的热情，我们才会肯定生命，即使在你人生最惨淡的时候，也要让生命充满活力。凡是有生命的物体都在伸张自己的生命意志。哲学家尼采、柏格森等也认为，生命的本质就是激昂向上，充满创造冲动的意志。因此，拥有生命的我们，一定要使生命充满活力和热情，要使工作充满热忱和欢快。

每个人的生命都是宝贵的，只是因为我们浪费了太多的生命而日趋麻木；我们的生活是美丽的，只是由于我们缺少发现才对身边的一切美好事物熟视无睹。只要我们用发现的眼光，用积极的心态对待生活，对待生命，我们就能够从中汲取营养，迸发激情，全身心地投入到为实现目标的奋斗之中，并最终实现人生目标，实现自我价值。

管理大师德鲁克认为，要调动职工们的积极性，重要的是使职工发现自己所从事职业的乐趣和价值，能从工作的完成中享受到一种满足感。作为管理者要尊重并保护职工的积极性、主动性，这样职工个人的目标和愿望就实现了，工作和人性两方面得到了统一，就会在团队和组织的发展中实现自己的目标，共同走向成功。

爱默生说："热情是一把火，它可以燃烧起成功的希望。要想获得这个世界上的最大奖赏，你必须拥有将梦想转化为全部有价值的献身热情，以此来发展和推销自己的才能。"

在美国钢铁大王卡内基的办公室挂着一块牌子，上面写着这样的座右铭：

>　你有信仰就年轻，
>
>　疑惑就年老；
>
>　有自信就年轻，
>
>　畏惧就年老；
>
>　有希望就年轻，
>
>　绝望就年老；
>
>　岁月使你皮肤起皱，
>
>　但是失去了热情，
>
>　就损伤了灵魂。

这是对热情最好的赞歌。

"失去了热情，就损伤了灵魂"，每一个致力于成功的人，都应该牢记这句话。在各种成功素质中，居于首位的，应该属于热情。

热情是一种意识状态，它能鼓舞和激励你采取积极的行动，让你整个身体充满活力，使你的学习与生活不再显得辛苦、单调。它还能感染和你接触的每一个人与你共同奋斗，创造美好未来。

　　热情是内心的光辉—— 一种炙热的、精神的特质，如果将这种特质注入你的奋斗之中，那么你无论面对什么样的困难都将所向披靡，战无不胜。

　　拥有热情，你就可以用更高的效率、更彻底地付出做好每一件事，你会觉得你所从事的工作是一项神圣的天职，你将以浓厚的兴趣，倾注自己所有的心血把它做到最好；拥有热情，你就会敏感地捕捉生活中每一点幸福的火花，体验快乐生活的真谛；拥有热情，你会以宽广的胸怀获得真诚的友谊，用你的爱心、你的关怀、你的胸襟创造和谐的人际关系；拥有热情，你就会以更加积极的态度面对生活，以高昂的斗志迎接生活中的每一次挑战与考验，以不屈的奋斗向自己的目标冲刺，用热情之火将自己锻造成一座不倒的丰碑。

　　所以说，热情是点燃生命的火种，热情是照亮前程的心灯，激荡内心澎湃的热情方能绽放光彩绚丽的人生！

　　伊尔说："离开了热情是无法做出伟大的创造的。这也正是一切伟大事物所激励人心的地方。离开了热情，任何人都算不了什么；而有了热情，任何人都不可以小觑。"我们每个人身体内部都有力量之源，我们可以用它来完成我们所期望的一切。医学证明我们身体的每个细胞和器官都充满了生命力，热情也是这个生命力的一部分。我们应将这份热情全部投入到工作中去，把工作当作一种使命来完成，以此发挥它最大的力量。

　　保持热情，会使你青春永驻，让你的心中永远充满阳光，更会让你保持对生命以及工作的乐趣。拿破仑·希尔曾说："若你能保持一颗热情的心，将会给你带来奇迹。"

老板是你的客户

　　任何一家企业的产品和服务再好，也必须通过顾客的认可和购买，才能实现盈利。顾客就是我们服务的对象，也是我们实现利润的真正关键。对于任何一位员工来说，老板都是你盈利的顾客。员工要实现盈利，就必须为老板创造出价值。

　　有一个年轻的小伙子，他非常努力地工作，但是怎么也得不到老板的重视。他很困惑。一次他去问一个成功的老人，老人听他说了工作中的种种事情之后，知道了他不能得到老板重视的原因。老人对他说："你常常去找你的老板沟通，这是一件好事。可是你往往不会找适合的时机，把好事变成了很糟糕的事情。找老板沟通，需要在老板精力最集中的时候，而且是他的休息时间。在你工作的时候，你不分时机地去找他，往往只会给他带来一些打扰，或者你们谈到某处时，一个电话又把他的注意力分散过去，这样，你们的沟通就无法更好地继续下去。所以，当你面对这一恶劣的现实时要有耐心，你可以事先和他约定一个时间；你还可以试试和他到办公室以外的地方谈话，以避免办公室里的各种打扰；你也可以请老板吃午饭，或者准备好要谈的要紧话题，等有机会和老板一起外出时提出来和他详谈。这样，老板的注意力就能集中在你身上了，慢慢地他也就会重视你了。"

把老板当作你的客户时，你要学会在恰当的时机找老板沟通。把老板当成你的客户，也是需要技巧的，你要记住尽职、尊重和耐心这三点，当这三点存于心中时，你很快就会发现，你不仅在老板心目当中的地位提高了，而且在事业上也获得了提升。

真诚地去找你的老板，然后坦诚地说出你的想法，最终让你的老板成为你的客户，记住：这是为了把工作做好，他是不会怪你的，如果他是一个明智的老板，那么他会全力支持你的。

工作中，存在着这样的一个规律，如果你不注意的话，你就很难在你所工作的行业当中取得骄人的成绩。记住：把老板当作你的客户是很重要的，你为老板提供服务，他为你的服务提供报酬。作为销售人员，应该知道一句话，因为这句话无论任何时候都会出现，也许是在公司组织的销售课上，也许是在你回家的公交车上，还有可能是你的同事对你说的，那就是："我们的客户永远是对的。"是啊，客户永远是对的，同样，你也要用对待客户的方式去对待老板。即使老板的方式不是很正确，或者你不赞同老板的决策，可是你必须要认识到，老板是对的，他应该还有后招。如果你的老板真的错了，或者你有更好的决策，你可以从另一方面去跟老板解说，尽力而为。如果老板还是坚持己见，那么，你不要同他争执，只管按照他的吩咐去做。毕竟我们是替老板做事，而不是对他的见解指手画脚。工作中，还要提醒自己，老板是加薪、升职的关键人物，要尽力地让这个客户满意，只有这样才会得到想获取的回报。

当然，这不是让你无原则地迁就你的老板，你也需要有一个度，不要愚忠，要适当地给老板一些提议，在他错的时候尽量勇敢地对他说出来，这也是忠诚的一种表现。

老板每天都有大量的工作要做，他们大部分的时间都用在了处理重要项目上，他们需要管理好下属，还需要对下属有所了解。老板通常都在超负荷地工作着，某些时候你需要得到老板的重视，但他们却因为工作繁多而无法注意到你。但是你不要放弃，他总有机会注意到你。为了给老板省下一些时间，你应该学会一些方式，例如在和老板交谈时把那些让人听着就烦的细节统统省掉，直接切中要害。如果老板想要了解更多的细节问题，他自然会开口问的。

工作是快乐，不是苦役

做一件让你无法产生兴趣与热情的事情是很难做成功的，只有对你要做的事充满激情，你才能全力以赴去做。尽管在这个过程中，也许会遇到挫折，但只要你有一颗不怕失败的恒心，你就会成功。

球星迈克尔·乔丹做过许多事，他拍过广告，演过戏，开过公司，但他真正喜欢的工作还是打篮球。他曾经对篮球失去过热情，放弃他如日中天的篮球事业去打棒球，因为他小时候最大的兴趣除了篮球就是棒球。但后来他发现这不是他想要的，从中他根本找不到快乐，于是他又重新燃起了对篮球的兴趣，重返篮球场，这时他的球技更胜一筹。

从一个人的态度上，我们可以看出他做事的好坏，如果对工作感觉到厌恶或者把工作当作是一种苦役，那么，他绝不会取得重大的成就。反而，那些把工作当作是快乐的人，他们能取得很大的成就。

一位心理学家说过这样的一段话："世上没有比不称心的工作更易摧残人的希望、自尊心和内在力量了。难道不是这样吗？当你面对着一件不喜欢的工作时，你将会感到枯燥无味，必然会对工作提不起一点精神来。所以你应该改变你的心态，把工作当作你生活中的快乐，那样你就不会感觉到工作给你带来的痛苦、烦恼。"

有一本书上这样说："工作是一种乐趣时，生活就是一种享受！工作是一种义务时，生活则是一种苦役。"其实每个人的工作中都有烦恼，无论什么工作认真去做都是辛苦的。万幸的是，只要我们用一种好的心态对待工作，我们从事再辛苦的工作也会感觉到愉快。

现实社会中，大部分人都在为赚钱而工作，为生活而工作，为不得已而工作，根本就没去考虑他们所做的工作是不是自己喜欢的工作，在工作中是不是拥有极高的热情。

你的工作就是你的爱好，对于你所从事的工作，一定要把它当作是你的兴趣，只有这样你在工作中才有快乐可言。人最大的悲哀就是从事自己不喜欢做的事，把自己大部分的时间都用在了工作的痛苦与无奈中。

改变吧！去另寻一份你感兴趣的工作，或者试着去改变你现在的工作，让它成为你的兴趣吧！

那么，怎样去改变呢？其实工作本身没有贵贱之分，但是对于工作的态度却有高低之别。人的工作态度是与性格、才能有密切关系的。工作也是人生态度的表现，所以，要改变你对工作的兴趣，你首先要做的就是改变你的心态，改变你对待工作的态度。

卡耐基说："人生的最大生活价值，就是对工作有兴趣。"做同一件事，有人觉得有意义，有人觉得没意义，其中有天壤之别。做不感兴趣的事所感觉的痛苦，仿佛置身在地狱。爱迪生曾说："在我的一生中，从未感觉在工作，一切都是对我的安慰……"

其实，对很多人来说，最大的悲哀就是一辈子都在做自己不喜欢的工作，让生命中的大部分的时间都浪费在无奈与痛苦中。那么，怎么才能改变呢？只有从现在起，通过自己的努力，勤奋地工作，才能有所作为。

尊重自己的工作

　　　　职业是生命的重要价值，不允许我们去敷衍它，或者
忽视它。在人生的道路上，我们都是幸运的，我们每个人
都有权利去选择一份自己心中所热爱的事业。这份事业，
需要我们用所有的热情去浇灌。

　　一位清洁工正在打扫卫生，边打扫边唱起了歌，看着他满
脸的幸福，一位过路者问道："你每一天都这么快乐吗？从你
的脸上，我看到了你生活中的幸福。可让我不解的是，在众多
的职业中你做的工作是处于最底层的，如果我是你，肯定找一
个地方躲起来，晚上再出来打扫。"

　　清洁工脸上的笑容更加灿烂了，他对过路者说："这份工

作虽然是众多职业中的最底层，可是它给我带来了一日三餐，让我有了一个温暖的家。所以我对这份工作充满了感激之情，不管这份工作是不是众多职业中的最底层，我依然尊重它。"

有人说，人生最大的财富有两个，其中之一就是敬业。人与人之间的能力其实差不多，但是，人与人之间的品格却相差很大。正是这种品格的差异才产生了成功与失败，产生了贫穷与富有。从表面上看，敬业是有利于公司，有利于老板的，其实，最终获益的却是你自己。养成敬业的习惯，你将获得新的知识、能力和经验，你更会受益终身。敬业是许多良性行为的综合，我们把它归结为以下五种态度。

第一种态度是要勤奋，因为勤奋就是一个实施行为的过程。在现实生活中，我们周围大多数的人都处在一种懒惰状态中，都没有明确的目标和理想，他们在工作中对自己松懈，他们对工作尽可能地选择逃避；他们大部分没有雄心壮志和负责精神，即使偶尔树立了伟大的目标，也很少有人将目标付诸行动，他们对组织的要求与目标漠不关心，只关心个人，其个人目标与组织目标自相矛盾；他们缺乏理性，不能自律，容易受他人影响；他们工作的目的在于满足基本的生理需要与安全需要。只有少数人勤奋、有抱负、富有献身精神，能自我激励、自我约束。

　　人们之所以变得越来越懒惰，其原因一般分为两个方面：一方面是由于他们生活的环境给他们带来安逸的感觉，从而使他们失去了对生活的热爱；另一方面，由于受自控能力的影响，他们对一切事物，甚至包括自己本身也缺少一种自我强化机制，从而使他们对生活越来越麻木，越来越渴望过一种安逸舒适的生活。那么，如何才能走出这两个误区呢？这就需要引入外来竞争者，使他们感受到生活已经受到了威胁，让他们重新树立起一种挑战精神，这样，他们懒惰的天性也会随着环境的改变而改变。

　　我们的人生历程可以分为两个阶段，也就是人们常说的30岁以前和30岁以后。为什么这样分呢？按照人们的说法，30岁以前是用金钱买智慧，30岁以后是用智慧换取金钱。工欲善其事，必先利其器。要趁年轻的时候，利用一切工作机会来学习，来锻炼，来提高。如果眼睛盯着的只是那么一点儿工资，那么，你的收入就永远无法得到提高。如果一个人的工作目的仅是为了工资的话，那么，可以肯定，他注定是一个平庸的人，也无法走出平庸的生活模式。所有的有心者、成功者，他们工作的目的绝不是为了那一份收入，他们看到的是工作后面的机会、工作后面的学习环境，工作后面的成长过程。工作固然也是为了生计，但比生计更重要的是什么？是品格的塑造，能力的提高。"疯狂英语"创始人李阳最喜欢说的一句话是："只要你有三餐饭吃，你就可以把除此之外的时间和精力用于学习和提高。"

　　第二种态度就是要将自己负责的工作做到最好。当你接受了一份工作后，要努力做好自己应该做的事情，为了生活或者更好地生活，你有理由在做这些事情的时候让自己开心，因为你做事就是为了让自己和别人都生活得更好。工作肯定是件辛苦的事，不自己寻找其中的乐趣，谁还会给你乐趣呢？承担责任肯定不是件很轻松的事情，这就要看你怎么想，首先承担责任是对你价值和能力的一种肯定和证明，如果你不具备承担责任的能力或者做不好一件事情，别人会让你承担责任吗？能够想到这一点，你就应该感到骄傲，因为你的存在是有价值的。其次，对责任的承担肯定会让别人从中获取到幸福和满足，一个能让别人幸福和快乐的人，就是值得尊敬的人。同样，这可以满足你自尊的需要。再次，如果你能把承担责任想象成是一种快乐和幸福，你就不会因为压力而感到郁闷和沉重，这是一种双向的平衡，为什么不这么做呢？把一件原本沉重的事想得轻松一些，不但情绪因此而得到了释放，而且在一种轻松快乐的情绪下做事，会把事情做得更好。

第三种态度就是要立即行动，不要拖延。如果你没有注意到这一点，你就会浪费很多的生命。大多数失败者犯的致命性错误就在于不立即行动，他们对任何事情都是拖泥带水，从没有对自己承担起责任。有人统计过，失败的数十种因素中，拖延位居前三名。有人也就说，对成功来说，拖延是最具破坏性、最危险的习惯。拖延的表现是什么？就是今天的事明天做，现在的事以后做，自己的事等待别人做，能做的事一直拖着不做，而且，总是能为自己找到理由。拖延和懒惰是兄弟，两者总是同时出现。有句古话，"业精于勤，荒于嬉"。拖延和懒惰只会带你坠入贫穷的深渊。拖延的反面是什么？就是马上行动。所以，如果你有拖延的恶习，克服的方法只有一个，那就是马上行动。

第四种态度就是要积极主动。我们知道，世界上没有不劳而获的事，没有成功会自动送上门来，也没有幸福会自动降临到一个人身上。这个世界上所有美好的东西都需要我们主动去争取。婚姻如此，财富如此，快乐如此，健康如此，友谊如此，学习如此，机会如此，时间如此，工作如此……天上绝对不会掉下馅饼。没有一样东西你可以轻易得到，只有主动去争取。在公司里，如果你想有好的人际关系，你就必须选择主动问候；如果你想受人欢迎，你就必须主动承担责任；如果你想有机会晋升，你就必须主动争取任务；如果你想提高自己的演讲能力，你就必须主动发言；如果你想要在工作中取得成就，就要主动地工作。

第五种态度是奋发图强，努力苦干，而且要具有高度责任感。我们知道，在我们所从事的工作中，任何事情都是没有捷径可走的，我们只有勤奋苦干，才能走向成功；只有对自己所从事的工作、事业负责，才能做出非凡的业绩。也就是说，无论做什么事，在什么岗位，从事何种工作，都必须具备强烈的责任感，它是做好一切工作的强大动力，是战胜一切困难的强大武器。有了强烈的责任感，不可能完成的任务也能够完成得相当出色。如果一个员工有强烈的责任感，不仅能够完成自己的工作，还能够时刻为企业着想。有责任感就会敬重工作，就会热爱岗位，就会忠于企业。

比薪水还重要的东西

> 能力的锻炼远比薪水更加重要。当你的能力达到了你
> 老板所认可的地步时，你就会获取到更多的薪水和更高的
> 地位，同时，你也会得到更多发展的机会。所以，在工作
> 中必须要时刻提醒自己、告诫自己：我是在为我的未来而
> 工作，薪水只是获得的一小部分，暂时的放弃是为了未来
> 更好地获得。

有两个大学生，他们是很好的朋友，大学毕业后，他们
都在为找工作而烦恼。在学校里，他们两个是教授最看好的学
生，于是教授在朋友那里帮他们两个找了一份工作，教授让他
们两个到他朋友那儿去应聘助理。

第一个去应聘的学生叫王阳，在面谈了几次以后，都没有

给教授的朋友回话，因为王阳认为给的薪水太低，于是他给教授打电话说："你朋友那里薪水太低了，我现在已经找到了一家薪水高些的工作，比那儿高出了500多元。"

第二个去应聘的学生叫陈军，他选择了在那家公司工作，虽然他的薪水才800元。教授得知后打电话问他："那儿的工资这么低，你不感觉到很吃亏吗？而且对你的发展有没有影响，你没考虑吗？"

陈军回答说："薪水挣得越多我越高兴，可是，我发现你的朋友在某些方面很有经验，我想在他那儿多学一些经验，因为经验和知识永远比薪水更加重要。"

转眼几年过去了，王阳的薪水也得到了更高的增长，由每个月的1000多元涨到了8000多元，但是陈军由原来的每月的800多元增长到一年200多万的年薪，他还坐上了公司副经理的宝座。

工作是为了薪酬，但工作绝对不仅仅是为了薪酬，因为人生的追求不仅仅只为了满足生存的需要，它还有更高层次的动力驱使。我们应该对薪水有个正确的认识，告诉自己工作不仅仅是为了赚钱，人应该有比拿薪水更高的目标。

薪水是企业对员工所做贡献的相应回报，大部分的人都把薪水视为最关心的事。就以找工作来说吧！大部分人都会往薪水高的地方去，而不会往薪水低的地方去。可是，他们忽视了在工作中除薪水之外的那些更加重要的东西。

如果仅仅为薪水而工作，那么吃亏的将是你自己，失败的也只能是你自己。

关于吃亏还是占便宜，拿破仑·希尔后来回忆说："全国最富有的人要我为他工作20年而不给我一丁点儿报酬。如果是别人，面对这样一个荒谬的建议，肯定会推辞的，可我没这样干。"

"吃得了亏"，这就是拿破仑·希尔之所以能成功的秘密。

工作当中，薪水只是工作报酬的一部分，而且它所占的比例永远都是最少的，而在工作中所学到的经验、知识才是报酬中最大的一部分，这些经验、知识永远比薪水重要，它带来的价值是薪水的许多倍。

把工作当作乐趣

　　　　那些真正能够正确认识自身的人，会在职业选择的最初将目标锁定在自己感兴趣的行业，因为他们清楚只有这样自己的热情才会被激发出来。如果随着工作的进行，兴趣不断消减，热情也随之下降，他们会尝试从中去寻找新的、让自己感兴趣的因素。

　　刘晓是一位作家，但是有一段时间，她非常苦恼自己的工作热情越来越低，工作情绪也变得不稳定。对于一个作家来说，如果出现这种情况，那么她的写作能力将受到很大的影响。一直以来，在同事们的眼里，她是一个工作充满激情、幽默和智慧的职业女性。在领导心目中，她也是一个非常出色和值得信任的好作家。她不愿意处于"无热情"的工作状态，甚至在工作中害怕出现各种"无热情"的迹象。为此，她曾经好多次想提出辞职，但她总是下不了那个决心。为了解决这种情况，她每天都装出很有工作热情的样子，可是那种装出来的感觉，让她很不自在。刘晓也找过许多心理专家，因为她怀疑自己患了精神病，可是心理专家给她的结论是：她很正常。

后来，刘晓通过一段时间的冷静观察，知道自己目前状况：她进入了兴趣衰退期。

这是一种很自然的现象，对于那些全身心投入工作的人，不仅会耗费大量的体力，也会让人感到身心疲惫。人毕竟不是为工作而生的。即使你对自己的工作很感兴趣，但是工作中的烦恼、事业上的打击、人生的变故总会让你在一个无法预料的时期中断以往的热情，使你的良好状态受到干扰。

如果你也有这种感觉，那么最好的办法就是，请假外出愉快地旅行一段时间。在这段时间当中，重新审视你的工作，问问你自己，你现在所从事的职业是否还有足够的魅力吸引你？你对这份工作的兴趣还能不能让你继续热情地工作下去？

如果你给自己的答案是"有"，那么，你需要重新调整自己的心态，然后在工作中投入更多，让自己没有过多的时间去想工作中的种种困惑或疲倦。这是一个重新焕发活力的过程，需要的是你努力地坚持下去。

如果给出的答案与之相反，或者你无法确定自己会不会再被更大的疲倦感所袭击，那么你可以尽快接触一些其他的行业，找一些你认为能提起你兴趣的工作，并重新投入你所有的激情。这样，你的人生将会得到新的发掘。

"工作不仅仅是为了得到一份好的薪水，在工作中获得的满足感让我们生活过得充实，让我们的激情得到释放，也让我们尽情享受人生，赋予自己生活的意义。"一位成功者这样说。

这位成功者的话很正确，如果一个人工作只是为了能够吃得好、睡得好，同时他的兴趣也只在家庭、感情上，那么，他在工作上给我们带来的只能是一些冷清的场面和无精打采的面孔。相反，如果他所从事的是他所感兴趣的工作，他的工作又将是另一种景象了。当一个人把所有的热情、精力都投入到工作中时，就不会出现每天愁眉苦脸的表情，因为他会在工作之中找到无穷无尽的乐趣。

一部分人可以凭借个人爱好找到自己所能从事的职业。足球爱好者既可以去职业赛场上去踢球，也可以去经营足球用品商店；一个对各种古代物品感兴趣的古器爱好者既有可能去当一名考古学教授，也可以参加考古队去探险，还可以选择做一个古董商。

　　然而，很大一部分人并不知道自己真正喜欢什么。如果你就是这样，那么你可以在不同的行业摸索、停留，当你找到一种你喜欢的工作环境时，你就应该努力地坚持下去，不要轻易地放弃，即使在工作上遇到了困难，也要坚持下去。因为找到你所真正乐意从事的职业所需要的努力和付出，比你克服这些困难所需要的勇气和代价更多。

　　爱因斯坦在上大学时，教授佩尔内曾严肃地对他说："你在工作中并不缺少热情，但缺乏能力。你为何不去学医、学法律或哲学，而要学物理呢？"幸亏当年爱因斯坦对自己想做的事有足够坚定的认识，否则，物理学史就要改写了。

　　所以你最好能找到自己内心最热爱的职业，只有这样才能把握自己的命运。那些有所成就的人，都有着一个共同的特征：无论才智的高低，无论从事哪个行业，他们必然是在做自己最热爱的事情，并且为此勤奋工作。

奉献比回报更加重要

　　　　奉献是一个创造性的过程，它能使我们的能量得到释放。每当我们为他人作出奉献时，我们的生活就往往具有更大的意义，并且我们能在工作中得到更大的愉悦。

　　弗莱明是一个穷苦的苏格兰农夫，有一天，当他在田里耕作时，听到附近的泥沼里有一个孩子求助的哭声，于是他急忙放下农具，跑到泥沼边，看到一个小男孩正在粪池里挣扎。弗莱明顾不得粪池的脏臭，把这个孩子从死亡的边缘救了出来。

　　过了几天，一辆崭新的马车停在农夫家门前，车里走下来一位高雅的绅士，他自我介绍是被救孩子的父亲。

　　"我要报答你，好心的人，你救了我孩子的生命。"绅士对农夫说。

农夫回答道："我不能因为救你的孩子而接受报酬。"

正在这时，农夫的儿子走进茅屋，绅士问："那是你的儿子吗？"

"是。"农夫很骄傲地回答。

绅士忽然有了一个好主意，他说："我们来定个协议吧，让我带走你的儿子，并让他接受良好的教育。假如这个孩子像他父亲一样，他将来一定会成为一位令你骄傲的人。"

农夫答应了。后来农夫的儿子从圣玛利亚医学院毕业，并成为举世闻名的弗莱明·亚历山大爵士，也就是盘尼西林的发明者。他在1944年受封骑士爵位，并荣获了诺贝尔奖。

数年后，绅士的儿子染上肺炎，是谁救活他的呢？是盘尼西林。那绅士是谁呢？他就是英国上议院议员丘吉尔。他的儿子是英国政治家丘吉尔爵士。

从故事中我们看到，弗莱明因为救了别人的孩子，而使自己的孩子受到良好的教育，最终获得诺贝尔奖金。而丘吉尔，则由于帮助别人的孩子受教育，而使自己的儿子在患病时幸运地获救。

　　阿尔伯特·哈伯德说："懂得付出，就永远要付出；贪求索取，就永远要索取。付出得越多，收获得越多；索取得越多，收获得越少。"这是多么经典的话呀！一个人只要时常想着帮助别人，他的内心就是快乐的，因为真诚帮助别人出自无私的心，在帮助别人时并不希望得到回报。帮助别人有时候付出的也许很少，但得到的却无法用金钱来衡量的。生活中常常有这样的时候，你不经意的付出甚至会改变你的一生。

　　不管我们眼下从事哪一种工作，我们都可以通过比别人要求的做得更多、通过奉献自己，最大限度地体现价值最大化，并增强我们的道德意识。要走向生活的繁荣昌盛，关键的一点是要认识到繁荣昌盛并非是由更多的获得取得的，而是通过更多的奉献取得！将我们的注意力放在我们能够为他人做什么，而不是向他人索取什么之上，我们的生活自然就会一天天繁荣起来。

　　倘若你热爱你选择的公司，你就应该把自己全部的精力用在工作上，充分地发挥自己的能力。当你为公司奉献了你的全部精力，当你为工作上取得的成就而欢欣，当他人在共享你的成绩时，有形与无形的就成了你的回报。无形的酬报包括个人能力的提升及你所获得的名望。另一方面，如果你仅为工资单而工作，而不肯为公司多做一点儿奉献，那么，你就会慢慢地轻视自己的公司，继而轻视你的工作。

凡是不被我们重视的事情，我们常常不能将它做好。从这个角度看，奉献与资产投入颇为相似，倘若你在投资上毫不用心，不肯花精力，那么，从长期来看，你的投资多半会失败。相反，若你将自己的精力、热情和才智都奉献给你的投资产业，你当然更加可能会获得成功。通往成功的路或许很远，而你每一次的无私奉献，都会在那条路上前进一步。

所以，要坚信奉献永远比回报更加重要。

第五章

只做最好的

养成敬业的习惯

在现实生活中，许多人也许一生都勤勤勉勉、刻苦努力，但在最后的时候，却放弃了原则和理想，于是不得不品尝自己一手造成的苦果。虽然后悔过，但是为时已晚，已经没有改正的机会了。

有这样一个年轻人，他很能干，电脑、开车、写作都很精通，他找到一份替别人开轿车的工作，这是一份很好的工作，每个月都有好几千元的薪水，而且老板也非常赏识他，总是在时刻观察他。但是，这个年轻人在一段时间后在工作中表现出了散漫、不负责任、缺乏敬业精神的现象。有一次，老板有急事要出去，但是年轻人却开着公司的车在城郊游玩，由于他的影响，老板丢掉了一大笔生意。他也为此丢掉了这份工作。

这种人永远得不到尊重和提升。人们往往会尊敬那些能力中等但尽职尽责的人，而不会尊敬一个能力一等，但不负责任的人。

朱熹说："敬业者，专心致志以事其业也。"这句话所表达的就是"敬业"。敬业是用一种恭敬严肃的态度对待自己的工作，认真负责、一心一意、任劳任怨、精益求精。敬业精神是以明确的目标选择、朴素的价值观、忘我投入的兴趣、认真负责的态度来从事自己主导活动时所表现出的个人品质。敬业精神是做好本职工作的重要前提和可靠保障，所以养成敬业的习惯，对你今后工作中的成就非常重要。

在现今社会中，任何一家企业或公司，如果想在如此激烈的竞争环境下生存，员工是否敬业有着很重要的作用。没有敬业就不可能生产出质量过硬的产品；没有敬业就不可能有创新精神，就没有新的产品问世。同样的，没有敬业的员工也无法给顾客提供高质量的服务。不论是一个国家或一个企业，如果想立于世界之林，那么，自己的人民、自己的员工必须拥有敬业的精神，并且把敬业养成一种习惯。

可是，现实社会却让我们很失望，不论我们从事的是什么行业，也不论我们在什么地方，投机取巧、不负责任、找借口的人都无处不在。这些人不仅缺乏一种神圣使命感，而且缺乏对敬业精神世俗意义的理解，所以形成了他们不能成功的各种因素。

从表面上看，敬业只有利于公司，有利于老板。其实，敬业最后受益的仍然是你。当敬业变成一种习惯时，成功往往会追随而来。当不敬业成为一种习惯时，其结果可想而知。工作当中你不能尽职尽责，可能会给公司带来一点点的经济损失，可是你想过没有，损失最大的却是你自己。

勤奋敬业的人，在某些时候也许不会受到老板的重视，但可以获得别人的尊重。然而，那些不敬业，使用一些手段爬上高位的人，往往是员工谈论的对象，也被视为人格低下的人，他们在无形中给自己的成功之路设置了障碍。

敬业所体现的是一个人的能力，也体现出一个人对社会、对企业、对家庭等的责任感和奉献精神。同时，敬业也体现出一个人对人生的追求、热爱和积极的态度。从古至今，那些有所成就的人，有哪一个不受到他人的尊重？相反，那些不敬业，不能负起责任的人，得到的只是轻视和鄙视。因此，敬业既是社会检验一个人价值的重要标准，也是一个人实现自己人生价值的重要途径。

　　不论你身在何职，也不论做的是什么行业，你都需要具有一种敬业的精神。在一个公司的岗位上兢兢业业，当换到另一个新岗位上时，也需要同样地敬业，你时刻都要提醒自己，只有这样你才能把敬业当成一种习惯。

　　没有敬业精神的人，他们只会在心里想：自己做事是替老板赚钱，我替他做的事越多，他赚得越多，可是对我有什么好处？我为什么不好好地享受上班这几个小时？这些人，他们总是能混就混，对每一件事都是马马虎虎，根本不会尽职尽责。对于任何个人或企业来说，这样的心态都是导致失败的原因。一个优秀的员工，一定是一个敬业的员工，他们在执行每一件任务的时候，不仅尽力地去完成，还怀着一种高度负责的精神去完成。不管是在什么时候，这些优秀的员工都怀着这样的心态，大事、小事都保持着高度负责的职业精神，久而久之，这种精神也成了他们做事的习惯。

　　敬业精神不是与生俱来的，是靠培养和锻炼而来的，具有这种敬业精神的人，他们从跨入职场的那一刻就开始培养和锻炼这种精神了。不论是谁，都需要从所跨入的第一份工作开始，对工作认真负责，总是积极主动地去完成工作，而且必须坚持下去，在经过一段时间后，敬业便成了一种自然而然的习惯，当你拥有了这种习惯以后，不论你走到哪里，在哪里工作，敬业精神都会一直陪伴着你。

一个敬业的人，当他全心全意地投入到任何一件工作中时，他就会在这个过程中找到快乐，这也是敬业所带来的另一个效果之一。相反，当一个人对工作懒惰懈怠的时候，不敬业就会侵蚀他的职业精神，最终让他讨厌自己的工作，感觉在工作中没有一点儿乐趣。

在工作中能学到比别人更多经验的人，总是那些敬业的人，他们所学习的这些经验往往成为他们成功的垫脚石。这是一种必然的现象，不论他们在目前的工作环境，还是另外的工作环境，敬业的习惯最终都会给他们带来一臂之力。在任何一个企业里，敬业的员工都是老板最看重的员工，如果你的能力一般，但是你拥有良好的敬业精神，你也可以很好地发展下去；如果你十分优秀，那么敬业将是你飞黄腾达的关键之一。所以说，养成敬业习惯的人更容易获得成功。

敬业是工作的动力

> 真正的成功属于那些不论老板是否在办公室都会努力
> 工作的人，属于那些尽心尽力完成自己工作的人，这种人
> 永远不会被解雇，他在任何地方都会受到欢迎，这个时代
> 也需要这种人才。

日本原邮政大臣是一位30多岁的女性，名叫野田圣子，她在出任邮政大臣之前，在东京帝国酒店是最出色的员工和晋升最快的人，这是为什么呢？

野田圣子大学毕业后，是在日本最著名的东京帝国酒店找到的第一份工作。她非常高兴，因为刚迈出人生的第一步就获得了这样一份好工作。可是当她满怀希望地来到帝国酒店接受任务时，老板给她安排的工作居然是冲洗马桶！

　　这种安排太出乎她的意料了：一个堂堂的大学生居然去洗厕所，做梦也没想到！如果是一个男大学生，冲马桶何尝不是一种锻炼磨炼？可是像她这样一个女大学生，酷爱洁净，细皮嫩肉，并且从来就没有干过粗活儿、重活儿，更不要说如此"不堪入目"的活儿了。

　　正当她苦恼而又不甘心退缩时，一位同行出现在她的面前……

　　这位同行是一位男性，看到野田圣子的情况，什么也没有说，只见他来到野田圣子的工作间，给野田圣子做了个示范：

　　这位男士一遍又一遍地抹洗着马桶，最后，他很自然地从马桶里盛了一杯清水，脸上一点勉强的神情都没有，举起水杯一饮而尽！与此同时，他送给野田圣子一个含蓄而富有深意的微笑，眼睛里流露出一束关注而激励的目光。出现了这样一个关键的人物，野田圣子摆脱了困惑、苦恼，迈出了人生第一步，认清了人生的道路该怎么走。

　　野田圣子很快下定决心，就算一生洗厕所，也要做一名洗厕所最出色的人！

就是从那个时候开始，野田圣子安心了，积极工作，工作质量也很快达到那位"前辈"的水平，并且还常常有所创新。为了检验自己的工作状态，为了证实工作的质量，为了强化敬业精神，野田圣子经常主动喝马桶里的水！

这也许是上帝对野田圣子的"偏爱"，给予她人生的第一份工作是扫厕所，也正是这份偏爱使野田圣子懂得了无论干什么工作都要有责任心，有了责任心，才能把每一份工作做好，才能拥有人生的一次又一次的成功。

现如今，在许多招聘广告上都会有工作年限，有无经验等等的限制，这是为什么呢？因为只有那些在职场上打拼多年，并且一直保持着敬业精神的人才会有充分的经验。同时，拥有充分经验的人也是那些对企业敬业的人。

时间不一定能带来敬业的习惯，它还和个人自身的坚持意识有关。

每一个人都需要对自己有一个清楚的认识，当你认为没有能力坚持敬业习惯时，你需要的就是时刻激励自己去敬业，以认真负责的态度，扎扎实实，一步一个脚印地对待工作，也许是一年，也许是十年，最终你也会成为一名有着敬业习惯的职业人士。平时散漫马虎的年轻人，千万不能随便下去了，以免耗费青春，你们需要下定决心，从现在起重新开始负责任地工作，努力养成敬业的习惯。

　　一个人的成功并非易事，但是你只要把敬业当成习惯，你的成功就容易多了。

　　只要你有了敬业精神，就能更好地执行上级的安排。执行力是竞争力的基石。无论各行各业，要使执行力有效地实施，最基本、最有力的保证必须要敬业。敬业是一种责任，一种不断创新乐于奉献的主人翁意识，敬业是执行力的有效保证。无论是哪一个层次的执行者，都要明确自己的岗位、责任和权利，知道自己该做的事，做好自己该做的事，只有这样事情执行起来才会有序，每一个环节才会到位。领导是决策的制定者，同时也是决策的执行者，领导者的身体力行和操守严谨，是决定决策能否有效执行的关键。同时，你还要具有主人翁的意识，把企业看成是自己的家，能够顾全大局，不计较个人的得失。主人翁是一种使命、一种责任，具有主人翁意识的人在逆境中亦能爆发潜力，充分地展示出完成使命而具备的执行力。

　　一名优秀的员工，他应该时时刻刻都要考虑企业的利益，都要关注企业的发展，把自己的工作做到最好，以此来帮助领导者管理好企业。如果他这样做了，就能达到在企业领导的心目中的标准。一个好员工应该是具有强烈的主人翁意识的员工，他不仅关心集体，关心企业的发展，还会在工作中及时发现问题，并提出合理化建议。在企业领导者看来，他是能够"把信送给加西亚"的员工，在他接受任务后，不需要再问"他去什么地方了""怎么去找"，而是充分发挥主观能动性，发挥自身优势，把工作做到最好。这就是作为一名优秀的员工必须具备的敬业精神。

优秀员工需要不断地进行学习。学习是伴随一个人一生的历程，不断学习，珍惜每一次实践和学习的机会，提高工作技能，业务精益求精，才能适应不断变化的市场行情，适应新形势、新要求。企业要成功把握时代的变革，掌握瞬息万变的市场，就必须拥有一大批高素质的员工。每个员工都要具有危机意识，不能懈怠，要迫使自己终身学习，时刻准备应对各种挑战和执行的能力。

在任何行业中，如果没有以奉献乃至牺牲作为自身的本能，就无法超越自我，就不可能成为竞争中的强者，只有在执行中对工作心怀敬意的人，才会赢得事业的丰厚回报。

可是，总有人在为自己的不敬业辩解，说他不努力工作，是因为这份工作不符合他的理想。人确实有权利选择自己所喜欢的职业。当今我国发展社会主义市场经济，为人们的职业选择提供了充分的自由。但是，生活的路不是平坦的，人生并不是"心想事成"那样简单。当一个人在求职、就业上暂时没有如愿，或者他还不具备那种职业所需要的条件，或者缺乏从事那种职业的才能时，他可以加倍努力，创造条件，提高素质，寻找机会实现他的理想。但是他不应该以不理想为理由，工作中拖拖拉拉，甚至躲开工作，赖在一边怨天尤人，这样的人一辈子也不会有理想的职业，更不会有他梦想的辉煌成就。

卓越源于敬业

　　　　敬业是一种习惯，尽管一开始不能为你带来可观的收益，但是可以肯定的是那些缺乏敬业精神的人，是无法取得真正的成就的。一旦散漫、马虎、不负责任的做事态度深入其潜意识时，做任何事都会随意而为之，其结果自然可想而知。

　　小李是一名普通的速递员，他的薪水非常低，每个月通过努力才能拿到一部分奖金，但是，不论他的工作有多累、多不好，他依然非常敬业，他在这个行业上一干就是好几年，而且他在公司里也做出了许多不平凡的成绩。虽然小李只是一个速递员，但是，他已经把敬业精神种植在了心里。

　　一次，一个同事对小李说："小李你应该学我们一样，能偷懒的时候尽量偷懒，别总是抢着往远的地方去送信，你应该多挑一些近的，那样你省事，而且还能多送一些信件。"

小李听了同事的话，对同事说："我在出来工作之前，父亲对我说过这样的话，'不管做什么工作，只要爱岗敬业，就一定能够做好。'我始终都记着这句话，虽然我的工作并不是太好，但我活得很有意义，也很成功，因为我在工作中会找到我的快乐，我跑远路，是因为我在路上能看到许多有趣的事。"

几年后，小李受到了提拔，因为他的业绩几年来一直都是公司最高的。他的敬业得到了相应的回报。

在工作中，我们时常要问自己一个问题：敬业能够给我们带来什么好处？答案主要有两个：一个是如果做到敬业，就会在工作中提高自己的能力，并能着眼于未来的发展；第二个是如果做到敬业，我们就会把工作做好，就会得到领导的承认和关注，在短时间内得到晋升。

在这里提到的能力是知识与技能的体现，它可以从教育、培训或经验中获取，而敬业精神则是信心与激励的结合。信心是自信的量度，一种不靠监管而完成任务的感觉；激励则是兴趣以及想把任务做好的热情。

　　任何一个企业都想顺利发展，于是，它就需要有敬业精神和责任心的下属。从这一点看，敬业的员工永远是受领导欢迎的员工，也是最容易成功的员工。敬业是积极向上的人生态度，而兢兢业业做好本职工作是最基本的一条。有人说，重要的岗位容易调动敬业精神，而一些普普通通的工作，根本提不起敬业精神来。道理并非如此，房屋维修工作和公共汽车售票员的工作很普通，很平凡，但王惠，张望同志并没有看不起这份工作，他们发扬敬业精神，在平凡的岗位上做出了不平凡的贡献。只要具有敬业精神，任何平凡的工作都可以干出成绩。

　　那么，敬业有哪几种表现呢？《再努力一点》的作者马林指出敬业有以下四种表现。

　　第一，忠于职守。在竞争如此激烈的现代社会，毫不夸张地说，一个公司的存亡，就取决于其员工的敬业程度。只有具备忠于职守的职业道德，才有可能为顾客提供优质的服务，并能创造出优质的产品。如果把界定的范围扩大到以国家为单位，那么一个国家能否繁荣强大，也取决于人民是否敬业。

　　第二，尽职尽责。如果工作没有完成，首先要问自己这样一个问题，我尽力了吗？我尽心了吗？如果你尽力了，尽心了，没有人会指责你。什么叫问心无愧？尽职尽责就叫问心无愧。要做到尽职尽责，我们需要做下面的事：

（1）努力学习，提高完善自己的能力和素质。学习不仅是自己的事，也是公司的事。能力的提高，会反映在工作的结果上，最终会在你的收入上体现出来。

（2）重视团队合作。工作已不再是一个人的事。团队合作是取得成功的必要条件。尽职尽责就要确保自己能融到团队中，为团队目标的完成尽自己的努力。

（3）做到精通。人的知识有两种，普通知识和专业知识。决定我们命运的并不是前者，而是后者。生存的工具是你的专业，只有精通才能胜任工作，如果不是，说明你还不够敬业。

第三，一丝不苟。有人说，成功取决于细节。对此，我非常相信。我们学数学，就是从"0"开始的，我们学英语，是从字母"A"开始的。对细节关注的人，本身就是一个有心的人。蒙牛的老板牛根生说："这个世界既不是有权人的世界，也不是有钱人的世界，而是有心人的世界。'九层之台，起于垒土，千里之行，始于足下'，成功本身就是一种累积，罗马也不是一天建成的。"对工作一丝不苟，就是对自己一丝不苟，就是自己的前途和未来一丝不苟。如果你认为你的前途一文不值，你就可以不选择一丝不苟；如果你觉得天上有一天会掉下馅饼，你也可以选择得过且过。

　　第四，自动自发。什么是自动自发？就是两个字：主动。当你主动的时候，一切将变得容易，世界将变得和谐，人生自然会变得美好，不信，你可以试一试。主动也就是每天多做一点，不要对自己说，我必须为公司做什么，而是要对自己说，我能为公司做什么。当你选择主动的时候，从竞争中脱颖而出将是迟早的事。付出与回报是必然的因果关系，它就像在银行里存钱一样，存得越多，得到的也会越多。

懂得敬业，才会敬业

懂得敬业是你工作需要迈出的第一步，同时，在工作中你还需要不断思考这一问题并培养自己的敬业精神，毕竟，拥有超乎寻常的敬业精神是成功的重要保障。

有一个打工的年轻人，他找到一份帮别人卖水果的工作，这个年轻人非常敬业，他做任何事都非常仔细、负责，如果有一分钱是他的，他要取回来；如果少给客户一分钱，他也要客户拿走。

这个小伙子有一个优点，就是他对数字非常的敏感，每一次算账，他都要把小数点以后的算进去，现在很多人卖水果都是四舍五入，但是这个小伙子，他从来不这样。有一次，他老板在商店里，有一个顾客来买了8块1毛钱的水果，那个顾客手

里只有8块的零钱和一张面值100元的人民币。那个顾客只给了
他8元钱，小伙子很客气地对顾客说："先生你好，你需要付给
我8块1毛钱。"顾客说了许多好话，并且许诺下次来一定把那1
毛钱给他，可是小伙子仍然不答应，他又对那个顾客说："这
是我做事的习惯，是我的我一分钱都不会放弃，如果是别人的
就算是1万我也会让他拿走。"顾客在小伙子的敬业感染下，把
100元的人民币给了小伙子，让他找零。

顾客走后，小伙子的老板就问他，为什么对1毛钱这么在
乎？小伙子说："几年前，我们家也是经商的，我很小的时
候，就替家里记账，几年的记账生涯中，我清楚地认识到，如
果我不这样做，钱就会从我的指缝中溜走，因为世上的那些富
人，他们的钱都是一分一分积累的。不放弃一分钱，也不要别
人的一分钱，这是我工作的原则，也是我今后做事的原则。"

几年后，这个小伙子成了一家公司的经理。但他仍然珍惜
每一分钱，对待工作仍然仔细、负责，因为他知道这是成就大
事的必备素质。

敬业的员工都会受到老板的欢迎，不是因为他们能向老板
有所交代，而是他们认识到了敬业是责任的精神体现，只有对

工作敬业才能对工作负责。也只有这样，才能给公司的发展带来更多的动力，同时自己也能从工作中获得经验，获得财富。

有一家人力资源机构对美国部分公司做过调查，在美国企业的员工中，有25%的员工是真正敬业的，有50%的员工敬业水平一般，而剩下25%的员工是不敬业的，他们的调查结果是符合正常情况的。同时，该家机构在调查中还得出一个结论，这个结论就是在美国的优秀企业中，50%~60%以上的员工是非常敬业的。

但是，中国企业的员工就不是这样，他们缺乏一种敬业精神，他们在企业中总是追求个人利益，却不关心企业的发展。根据翰威特的"最佳雇主"调查结果显示，2003年中国最佳雇主的敬业度是80分，但所有参加调查公司的平均分是50分，两者之间存在着巨大的差距。与2001年调研结果比较，2003年在华公司的员工敬业度分数有了显著的提高。总体来说，参加当年中国区调研的所有公司的员工敬业度得分提高了7个百分点，而最佳雇主公司本身的员工敬业度得分比2001年提高了12个百分点。

值得说明的是，2003年参加翰威特调研的68家中国公司均为外资企业，最终获"最佳雇主"称号的企业都是一些如微软公司、英特尔公司或强生公司等大名鼎鼎的企业。连获"最佳雇主"荣誉的企业的员工敬业度只有80分，可以据此想象出，其他的中国公司会是怎样一种情形。

在团队建设中，千万不能忽视敬业精神这个问题，根据盖洛普的42项调查表明，在大多数公司里，有75%的员工不敬业，这些员工在公司里总是混日子，他们得过且过，对公司缺乏敬业度。而且，研究结果也说明，员工资历越长，越不敬业。平均而言，员工参加工作的第一年最敬业。随着资历加深，他们的敬业度逐步下降，大部分资深员工"人在心不在"或"在职退休"。而不敬业的员工会给所在公司带来巨大损失，表现为浪费资源，贻误商机以及收入减少，员工流失，缺勤增加和效率低下等。

"为了事业的人请来，为了工资的人请走"，这是某家公司的聘人原则。这家公司的任何一个员工都知道，只有那些为共同事业而努力发展的人才能聚集在一起做好大事，也只有他们才能在企业面临困难的时候同舟共济。然而那些为了薪水而来的人，他们只看重企业给他们的待遇，只把自己当作一个过客，如果某一天企业出现困难，他们只会一走了之，重新寻找能满足他们物质要求的企业。

"为了事业的人请来，为了工资的人请走。"不仅仅是一家公司的原则，也是所有公司所需要的原则，没有任何一家公司会聘用那些不敬业的人，他们需要的是那些在工作中认真做事、有始有终、时刻都为公司着想的人。也只有这样的人才会做出大成绩，才有机会在职场上得到老板的器重，出人头地。

联想、海尔这些大企业，之所以能发展如此之快与它们重视员工的敬业精神有着不可分割的关系。作为在低层发展的员工，或是更高一级的主管，都应该没有任何借口的去理解什么是敬业，怎样去敬业，因为懂得敬业是发展职业的前提，敬业所表现出来的积极主动、认真负责、一丝不苟的工作态度，就是一个优秀员工所应当具备的，它是成功的有力保障。

敬业的员工之所以敬业，是因为他们把敬业的意识记在心中，并付诸行动。因为敬业，所以他们做事积极主动，勤奋认真；因为敬业，他们在工作中获得了更多宝贵的经验和成就；因为敬业，他们从工作中体会到了工作的快乐。我们也经常看到不敬业员工的身影，他们自作聪明地在工作中偷懒，不负责任，头脑中根本没有敬业精神，更不会把敬业看作是一种神圣的使命，这就使他们失去了成功的机会。

所以，一个敬业的员工，他们总是鹤立鸡群，会得到老板的更多关注，成功的机会也将更早到来。

珍惜每一份工作

　　　　对于任何一件工作，我们都不可以用歧视的眼光去看待，任何一种职业都没有高与低的区别，都是平等的，富人不能轻视建筑工地上的民工；健康人不能轻视那些身有残疾的人们；从高级办公楼走出来的白领，也决不能轻视街道摆摊卖报的，也许有一天，他们会成为你的上级。

　　小张是一个非常有学问的人，不论在学校里，还是在公司里，他都十分优秀。他毕业后，到了一家文化公司工作，这家文化公司是刚成立不久的。在那里，他是一个校对人员，每个月只有800多元的工资，而且常常加班。他有许多在大企业工作的同学都劝他换一个工作，说这么低的工资不值得他如此卖

力。可是他始终没有放弃，从不抱怨自己工资太低，为了鼓励
自己工作，他还在办公桌上留了这样一块牌子："珍惜自己的
每一份工作。"就这样，小张一干就是半年多。在这半年多的
日子里，他诚恳踏实的态度受到了老板的关注，一年以后，他
的工资就到了每个月3000多元，并且被提升到编辑部做主任。
在新职位上，小张继续保持自己良好的工作习惯，由于小张对
待工作认真、负责，最后被提升到副经理的位置上，成为文化
公司中收入仅次于老板的人。

　　珍惜自己的每一份工作，这是每一个成功者都牢记的一句
话。当有人问起他们怎么对待自己的职业时，他们给出的都会
是相同的答案。

　　当今社会，有许多人极其愚蠢地认为，公务员、银行职员
或者大公司的白领所从事的工作才称得上是工作，是值得一干
的工作。然而，他们的这种观念需要立刻改变，否则将会成为
社会精神丧失的表现。

　　对个人而言，无论你从事哪个行业，也不论你是公司的高层
还是普通员工，千万不要看不起自己的职业，轻视自己的工作。
如果你对自己的工作没有信心，认为那不是一种好的职业，你无

疑是给自己成功的道路上设了一道障碍。只有主动积极地工作才能为你的职业发展赢得一个好的开端，做出一个好的铺垫。

很多刚刚走出校园的年轻人，他们根本看不到工资以外的东西，对待工作，他们没有信心、没有热情，工作时总是采取一种应付的态度，能躲避就躲避，敷衍了事，以此来应付老板。他们只想对得起自己挣的工资，从未想过这样举动是否会丧失许多发展机会。他们对自己的工作，没有一点珍惜的成分，也没有想过要对自己的工作敬业、负责。

作为一名员工，不仅要做自己爱做的事，也要爱自己所做的事。努力做好自己所做的事，是顺应上天给你的安排，也是为将来寻找更适合的工作做准备。

下面是一个公司老板给员工们所讲的他成功的故事。这个故事影响着他公司的每一位员工。

我刚高中毕业的时候，由于家庭环境不好，没能继续上大学，之后的一年多，我一直在家里帮着务农。在那一年多的日子里，我一直都不服气，于是我带着一些车费到了上海。在那里，我的第一份工作是给一位老人做小时工，一个小时只有5元钱的薪水，但是我依然认真地去完成我的工作，由于我的工作认真，老人把我介绍到一家公司做清洁工。在那里，我每个月有600多元的工资，不管有多累，我对那份工作仍然很努力。在我来到上海的时候，我就下定决心要成为一个成功者，所以我从不会错过任何一个学习做生意的机会，即使是在扫地的时候，我也会观察老板是怎样和客人打交道的。我总是在观察、学习、总结，即使休息时也会试着和客人们攀谈，了解他们的消费观念和消费需求。有时我也会问老板一些生意方面的问题，时间一久便总结出了很多生意经。通过多方面的努力，老板开始重视我了，我也进入了那家公司的销售部，工资得到了很大的提升。在那个时候，我总是在心里对自己说，你一定要努力进入高层，我一直为这个目标努力的奋斗着，就这样，我做了两年。有一天，我的老板把我叫进了办公室，他给了我一份合同，是应聘我出任公司副经理的合同，在那份合同中，给我的年薪是10万，并且一次需要签订五年。在那五年里，我每个月都只用800元，其他的全都用来投资了，当我的合同到期时，我用投资的钱成立了这家公司。

　　我记得，在我要签订合同的前几个月，我的许多朋友都对我说，你真笨啊！你现在经验这么丰富，又有这么多的客户，为什么不到其他公司去做呢？他们给你的工资是这里的两倍啊？而且又不像这里这么累。你要到什么时候才能出头啊？对于朋友们的说法，我只是一笑而过，在我心里，我想的是，我选择了这份工作，就要珍惜这份工作，就要干出一番事业来，也许现在我做的工作别人不放在眼里，但我坚信总有一天我会成功的。经过这些年，我也总结出我成功的经验了，我觉就是下面六点：（1）找到一份工作；（2）珍惜你所做的任何工作；（3）养成忠诚敬业的习惯；（4）认真观察和学习；（5）成为不可替代的人；（6）培养成有礼貌、有修养的人。"

这个成功者的经验，给了我们很好的启示，它告诉我们：你选择了某一项工作，就要努力地去珍惜这份工作，在工作中要打起精神，不断地激励自己、训练自己、控制自己。在工作中要有坚定的意志，不断地向前迈进。如果你发现这份工作给你带来无尽的热情和兴趣，那么恭喜你找到了自己心爱的职业。如果这份工作没有给你带来大的乐趣，没有给你发挥才能的空间，你也应该珍惜，因为你对工作的勤奋和认真态度将使你在今后的道路上受益良多。

所以，你可以不喜欢你的公司，讨厌你的老板，但你在工作的时候一定要努力去爱你的职业，珍惜你的每一份工作。

第六章

有一颗忠诚的心

做一个忠诚的自己

忠诚是人际关系的基石。"人无信不立。"忠诚于别
人也是忠诚于自己。只有忠诚，才会取得长久的成功。

爱克大学毕业后到了一家芯片制造公司工作，和他一起的
还有好友多罗。由于爱克和多罗是学电子产品研究开发的，所
以他们两个人都被分配到了芯片研究开发组，在那里他们两个
都有机会接触到公司最新产品的核心技术。

现在的社会是一个充满陷阱和诱惑的社会，许多不正当的
竞争手段层出不穷，在爱克和多罗所在的城市里，也有一家同
样生产芯片的公司，他们两个刚进入研究开发组的时候，这家
公司就注意上他们两个了，他们想从爱克和多罗的身上套取一
些公司最新的产品核心技术。

　　刚开始的时候，爱克和多罗都没有被对方所开出的优胜条件所诱惑。不过时间一长，本来就在经济上有些困难的多罗开始动摇了。多罗为了对方所给的利益，想尽办法让爱克也加入进来，为此还和爱克吵了起来。

　　原来，那家公司出了一笔很高的价钱，想购买爱克和多罗他们公司的一项最新技术，事成之后答应给他们两个数十万的报酬，但是爱克一直都不同意。

　　"爱克，我们两个从初中认识到现在，我们的友情是任何事物也代替不了的。但是，你知道吗？对方开的价钱，可以让我们两人少奋斗5年。如果我们答应了对方，事成之后，就可以拿着那些钱去做我们想做的事了，你为什么不答应呢？"多罗对爱克说。

　　"不，多罗，我们不能那样做，如果那样做就违背了我们做人的原则，背叛公司的行为是可耻的。"爱克说。

　　经过一番劝说，多罗没有办法改变爱克的想法，于是他决定自己瞒着爱克做。

　　多罗经过几天的布置终于把那项新技术拿到手，也得到了那家公司所给的几十万元。这件事，多罗做得很隐蔽，谁也没有发现，包括爱克在内。

　　一个月后，那家公司推出了一种产品，这种产品正是多罗所卖出去的新技术，为此爱克他们公司损失了近200万元。这时，公司才知道自己的技术让人出卖了。

　　爱克和多罗的感情很深，他们一起上初中，一起上大学，最后到同一家公司工作。所以，爱克很了解多罗，当大家知道技术被盗时，他第一时间想到了多罗。对此，多罗也没有隐瞒，他对爱克说了实话。"爱克，我知道你不同意那么做，所以我瞒着你做了，我已经把得到的钱分成了两份，打算在合适的时间给你，我们是好朋友，好兄弟，你不会揭发我的，难道不是吗？"多罗说。

　　"不，多罗，正因为我们是好朋友、好兄弟，所以我一定要揭发你！我不想我的好兄弟一错再错下去。"

　　两人为此展开了舌战，最终多罗在爱克的劝说下，答应向公司承担所有的责任。因为多罗在爱克的眼中看到了泪花，爱克每说一句话的时候，都是含着泪说的。他知道自己真的错了，只有向公司坦白才是最好的出路。

两天后，爱克和多罗一同走进了总裁办公室，多罗还带着那张几十万元的支票。

多罗向总裁说明了来意，并承认了错误。总裁为此要给予爱克奖励，可是爱克拒绝了，因为他出卖了自己的朋友，虽然多罗做错了，但他们仍然是最要好的朋友。

多罗上交了所得到的几十万元支票，并主动要求承担法律责任，因为他给的几十万元远远不能弥补公司的损失。

面对两个年轻人的决定和态度，总裁愣了足足三分钟。最后，他开心地笑了，他走过去，拥抱着两个年轻人的肩膀说道："我真的很高兴，虽然我们公司为此损失了近200万元，但是我得到了两个诚实、能主动承担责任的员工。公司的损失远远没有你们两个的价值高。为此，我决定，这件事就我们三个人知道就可以了。至于这些钱，你们自己拿走吧。"

爱克和多罗对于总裁的处理结果感到很意外，也很高兴，因为多罗不用接受法律的制裁，也能继续在公司工作下去。为了感谢总裁，他们把那笔钱以总裁的名义捐给了一所小学。

在总裁的力压下，这件泄密事件也停止了调查，公司也恢复了以前的景象。而爱克和多罗，现在更热爱公司了。

几年后，公司已经把那一家竞争公司挤出了芯片制造业，而爱克和多罗已经升职为公司的高层。

忠诚是什么呢？有人说忠诚是绝对地服从，也有人说忠诚是死心踏地地为某一人或某一项事业奉献自己。其实忠诚不是叫你从一而终，而是一种职业道德。在这个社会中，变化是很正常的，然而，变化的只是环境，不变的是你的忠诚。它是一种自始至终的责任，对公司的责任，对老板的责任。

一个人的忠诚不会让他失去一些机会，相反会让他赢得更多机会。除此之外，还能赢得别人的尊重与敬佩。

作为一名员工，我们首先要学会的是忠诚于自己的工作、忠诚于公司、忠诚于自己的领导，因为这是一个优秀员工所必须拥有的品质。

一本书上这样说："忠诚是一种责任，忠诚是一种义务，忠诚是一种操守，忠诚还是一种品格。"确实如此，责任是对工作而言，义务是对公司而言，忠诚于领导是对员工自己的道德而言。

管理大师艾柯卡说过一句话；"无论我为哪一家公司服

务，忠诚都是我的一大准则。我有义务忠诚于我的企业和员工，到任何时候都是如此。"正因为这样，艾柯卡不仅以他的管理能力折服了其他人，也用自己的人格魅力征服了别人。

无论一个人在组织中是以什么样的身份出现，对组织忠诚都是应该的。我们强调个人对组织忠诚的意义，就是因为无论是对组织还是个人，忠诚都会使其得到收获，因为忠诚是市场竞争中的基本道德原则。违背忠诚原则，无论是个人还是组织都会遭受损失，这种损失既有精神的也有物质的。

另外，诚实、人格、信心、正直与忠诚是必备的，这样你才能获得健康、财富和快乐。

工作源于忠诚

　　　　忠诚是对事业的坚信，不论狂风暴雨、惊涛骇浪的打
　　击都不会动摇。同样，忠诚也是对友情拥有大海一样的胸
　　襟，能使你得到永恒的情义。

　　王刚是一家软件公司的开发人员。由于公司改变了发展方
向，使他觉得已经不适合这份工作了，所以决定换一份工作。

　　以王刚的实力要找一份工作是很简单的事，在找工作期间
有许多企业找上了他而且抛出了令人心动的条件，但条件的背
后是要求王刚出卖以前的公司，所以这些企业的邀请都以失败
而告终。

　　一次王刚到了一家大型企业面试，对王刚进行面试的主
管是人力资源部主任和负责技术方面的副总裁。他们在面试当

中提出了一个令王刚非常失望的要求。"我们欢迎你到我们公司来工作，对于你的能力和资历我们都没有任何不满，我听说你以前所在的公司正在开发一个新的适用于大型企业的应用软件，据说你也参与了开发，能否透露一些你们的情况，你知道这对我们企业也很重要，而且这也是我们为什么在意你的原因。"总裁说。

王刚很生气地说："你们问我的问题令我很失望，看来市场竞争的确需要一些非正常的手段。不过，我也要令你们失望了。对不起，我有义务忠诚于我的道德，虽然我已经离开了，但是什么情况下我都必须这么做。与获得一份工作相比，信守忠诚对我来说更加重要。"王刚说完后就走了。

同样在这家公司面试的许多应聘者也经过了总裁的问话，相对于王刚来说，他们没有做到对公司的忠诚，把公司的情况都出卖了。

几天后王刚收到了这家公司的信。信上写着："你被录用了，不仅仅因为你的专业能力，还因为你的忠诚。"而其他的应聘者却没有被录用。

　　每个人都应该树立起诚实守信的品格，只有他们诚实守信，才会对自己负责，才会关爱身边的一切事物，才不会丧失忠诚。在他们看来，如果不诚实守信，这就是对责任的最大伤害，也是对自己品行和操守的最大亵渎。

　　为坚守忠诚所付出的代价，得到的是荣誉。

　　为丧失忠诚所付出的代价，得到的是耻辱。

　　作为一名员工，无论你是否优秀，要想获取成功，希望被老板委以重任，你需要抛开自己的外骛之心，把自己真正地投入进去，用自己的忠诚去换取你所渴望的回报。

　　工作中只要真诚地忠诚于自己的企业，那么，就会全身心地融入企业中，为企业尽职尽责，处处为公司着想，理解老板的苦衷。这样你就会成为老板心目中值得信赖的、可以委以重任的员工了，你也得到了永远不会失去工作的重要保障。

　　相反，那些在工作中投机取巧、给自己寻找借口、工作中怀着应付老板的心态来做事的人，就算再精明能干，也不可能得到老板的重用和重视。

　　是否有良好的职业道德，需要用忠诚来衡量。忠诚体现在你对待工作是否尽职尽责、积极主动，忠诚的人从来不会给自己寻找任何借口。

　　工作中，忠诚于你的企业，忠诚于你的老板，其实是忠诚于你自己。真正的忠诚并不是一味地阿谀奉承，更不是用嘴巴就能够说出来的，它需要经受住一定的考验。

　　一个优秀的员工，是一个具备忠诚美德的人。忠诚于公司，就是全心全意地为公司着想，为公司做贡献，不做有损公司利益的事。

　　有一位成功者说过："自身价值的创造和实现依赖于忠诚。"当你因为忠诚主动对老板负责，加倍付出时，老板就会对你的所作所为更加重视，也会让你担当更加重要的职位。

　　忠诚是一种美德，同时也是一种职业修养。一个对公司、对老板忠诚的人，并不是仅仅对企业忠诚那么简单，还必须忠诚于自己，忠诚于自己的专业，忠诚于自己的国家、社会。

　　在家里，我们要忠诚于自己的家人。作为一个老板或员工，我们首先要忠诚于自己的专业。

　　自始至终我们都在对自己负责，公司用我，因为我有利用价值，因为我是专业的人。专业是我们每个人生存和发展的基础，也是取得事业成功的第一保证。有人说老板要用"奴才+人才"的人，其中的"人才"就是专业的人。一个对自己的专业都不忠诚的人，怎么能取得别人、企业的忠诚呢？所以，在工作中要有这样的理念：首先要忠诚于自己的专业，毕竟自己所拥有的一技之长才是我们存在的价值。

第二才是要对我们所在的公司忠诚。为什么这么说呢？因为当我们在一家公司工作的时候，我们的生活资源就来源于我们所工作的企业。在这样的理念下，当我们工作的时候我们就要有这样的心态，我为公司工作，公司付我薪水，我就必须为公司付出。企业有企业的发展轨迹，个人有个人的发展轨迹，任何职业生涯规划都不可能让两者完全重合。公司给我提供了这样的发展空间，我要充分利用这个空间发展自己的专业技能，不断提升自己的市场价值。如果我们具有了这样的心态，我们才能为公司做出更大的贡献。所以说，当我们在追求职业发展的时候，我们必须做到两点：一是要忠诚于自己的专业，二是要忠诚于为我们提供工作的企业。

忠诚贵于能力

> 忠诚是一种美德，忠诚是一种气质。如果说智慧和勤
> 奋像金子一样珍贵的话，那么，还有一种东西更为珍贵，
> 那就是忠诚。因为忠诚是执行的最大动力。

刘瑞是一家软件公司的普通职员，由于不善表达，在别人眼中显得没有活力，因此大家都不怎么认可他，有合适的机会上司也不给予他，同事也不愿与他合作。

有一次，公司卖出了一批软件，可是一段时间后，买软件的人拿着软件回来了，说他们的软件是盗版的，完全不符合正版软件的要求，要求公司给予补偿，并且在各媒体上做报道。面对各种舆论的强烈谴责，公司面临空前的压力，一些员工似乎预感公司将会倒闭，纷纷跳槽。而刘瑞却坚持留了下来，他

知道这并不是公司的问题，是顾客用盗版的软件想骗取公司的补偿金。一向认真的刘瑞给那些报道这件事的媒体写信发表他的看法，并拿出了一些证据。

刘瑞的信和证据被登上了报纸，但是刘瑞的澄清显然说服力不足。为了使公司走出困境，公司的高层也在媒体上做出公开解说，并保证要把这件事严查下去。经过一段时间的查办，这位顾客道出了事实，并且在媒体上公开认错。公司生存了下来，而且比以前更团结，发展得更好。由于刘瑞的表现，老板打算给他一些酬谢，可是刘瑞谢绝了老板的礼金。

后来，老板把刘瑞调到一个部门主任的位置上。刘瑞在新位置上干得尽职尽责，此后老板常常找刘瑞谈话，并在半年后把他升为公司销售副经理。刘瑞在新任上不辞劳苦，并努力向老板学习，最后老板连公司副经理的职位也放心地交给了他。

刘瑞的晋升并不奇怪。老板的信任是他最后获得高位的最有利的条件。但赢得公司最高领导者的信任绝非易事，必须在危难时刻有所表现的人才能得到这份殊荣。刘瑞正是用他的忠诚感动了老板，老板才会一次次地给予他表现自己才能的机会。

忠诚是无价之宝。那些有能力又忠诚的人，是每一个企业老板最需要的人才。因为他们知道只有那些忠诚于老板，忠诚于企业的员工，在工作中才会非常努力，他们不会给自己找任何借口。他们还知道忠诚会让那些能力优秀的员工更加优秀，达到一种想象不到的高度。

现实生活当中，我们都会产生这样的想法，不管我们所从事的是什么工作，只要把自己的那一份工作做好就行了，至于其他的，可以不用去考虑太多，其实这种想法是错误的。有一大部分人对自己的老板都怀有一定程度的忠诚，他们心里也同样有着做好自己分内事的想法，但是这样的忠诚在很多时候是不够的。在某些时候，他们会因为这种少量的忠诚把事情搞得一团糟。试想，这样的人会受到老板的重用吗？

作为公司的一员，你需要对老板忠诚，这种忠诚是你做好自己分内事之后所表现出来对你事业感兴趣的举动。在任何时候，你都要像对待自己一样去对待公司，只有这样的人，才能在众多员工中脱颖而出。

一些人曾有这样的倾向，如果自己的薪水忽然之间得到了很大的增长，那么，他在工作中的表现会比以前更加勤奋和专心。如果你也有这样的倾向，那么你永远都不会达到你所梦想的高度。

也许在你的同事或朋友当中会有这样的人，当他们对自己的老板不忠诚时，都会为自己解释说："忠诚有什么用，我忠诚老板对我有什么利益。"其实忠诚并不是能够增加回报的砝码，如果你的忠诚只是为了换回更多的利益，你所谓的忠诚就不能算是忠诚了，只能是你和老板、公司之间的一种交易。

在这个世界上，有能力的人很多，但有能力又忠诚的人却很少，这种人也是所有企业和老板都在乎的人才。作为老板，他们愿意去相信一个能力不足但对他非常忠诚的人，也不愿意去相信一个能力极强却不够忠诚的人，就算这个人在工作中非常努力，做的每件事都很好也不可能得到老板的信任。

少许的忠诚比更多的智慧还有用，因为忠诚会让你在困境中不违背公司的利益，甚至在某些时候，忠诚可以让你为了公司的利益而放弃自己的利益。缺乏忠诚的人，他会在公司有困难时提出许多的解决方法，可是我们仔细观察就会发现这些方法有大部分只对他有益，至于公司的利益，他完全没有顾虑。

忠诚是什么？对于忠诚有许多解释。不过大部分的解释是：忠诚是与老板同舟共济，荣辱与共。

事实上，每一个人都是首先忠诚于自己的，因为人都有自我保护的本能，忠诚的人不仅仅会保护自己，他还会为他人着想，这就是忠诚者伟大的地方。我们要知道，一个人只有保持忠诚，他才能获得别人的忠诚和回报，并且获得成功的机会，这对老板和员工来说都是一样。

忠诚并不是取悦老板，甚至谄媚你的老板以消磨自己的个性。如果你的老板没有你可以忠诚的地方，那么，你就没必要再为之付出，可以另寻高就了。

有一个充满朝气的公司，在那里员工平均年龄都在23岁左右，虽然公司的员工年龄都偏低，可是他们创造了许多社会效益和经济效益。为什么会这样呢？因为这个公司对每一个员工都同样的关爱，这些员工也同样爱着公司，他们可以为公司付出更多。这就是忠诚的魔力。

一位王子外出游行，在路边遇到一个奇怪的年轻人，他拥抱着一双拖鞋在睡觉，王子感觉很奇怪，于是过去问年轻人："你为什么抱着一双拖鞋睡觉？"年轻人对王子说："这是我主人的拖鞋，他让我替他保存一会儿，所以我只能这样做。"王子想逗逗这个年轻人，于是对他说："我出一枚金币买这双拖鞋行吗？你可以用这枚金币到大街上买一双新的给你主人，还能得到剩下的钱。"年轻人坚决地谢绝了王子的好意。这个年轻人给王子留下了很深的印象，因为王子知道一个对主人忠诚的人，一定可以重用，于是把年轻人叫来给自己做了侍卫，后来年轻人也证明了王子的观点，他确实给王子带来了许多惊喜，多次舍命救王子脱于危险。

多年以后，当时的年轻人成了年老的司令，他的故事也留传了很久。

所以，忠诚于自己的老板，是你成就事业的前提，在任何事情面前，你都应该把忠诚摆在第一位。不论你有多大的才能，如果你不能忠诚于老板，你也不可能获取成功。毕竟在任何时候忠诚都胜于能力。

忠诚的报酬

　　　　一个不够忠诚的人，是没有人愿意帮助他的。出卖公
司的人是可耻的，没有任何一个老板敢用这种人，老板需
要的是"忠诚的人"。

　　有这样一名员工，他在老板出差的时候，把公司的所有销
售客户资料出卖给另外一家公司，一段时间后，这家公司的客
户慢慢流失了，导致公司陷入了前所未有的困境之中。

　　没有谁知道是怎么一回事，为此，销售部经理辞职，一些
部门高层也认为是自己没有把事情做好，于是纷纷辞职走了。

　　面对这些离开公司的员工，老板感到很对不起他们，因为
他知道是什么原因造成公司现有的局面。

　　"我很难过公司出现了这样的事情，我向大家表示我的

遗憾，现在公司的资金出现了大量的周转困难，为此，我给大家发了两个月的工资，作为公司给予你们的补偿，也许这些钱不能让你们支撑到找到下一份工作。但是，这是我最大的限度了。你们想离开的员工，我都会批准的，因为我已经没有挽留大家的理由了。"老板说。

"老板，你放心，我们是不会走的，我们不能在这个时候离开。通过大家的努力，公司一定会好起来的。"一部分员工说道。

由于有这样一部分员工带头，公司的员工大部分都留了下来，经过一年多的努力，这家公司非但没有倒闭，反而比以前做得更好了。那些留下来的员工，也获得了更多的回报。

通过忠诚，表现出了你个人的品质，也表现出了你对公司所做贡献的决心。如果你一如既往地对你的公司忠诚，并在公司遇到风浪时与公司同舟共济，那么，你会享受到忠诚所带来的回报。

日本的大部分公司都很少出现员工跳槽的情况，因为日本的公司要求每一位员工都要做公司的忠诚战士，为公司尽忠效力。松下公司有一批技术员工，他们的平均年龄都在50岁以上，这些人最少的也工作了20年，但是他们从来都没有想过要离开松下。当别人问起他们原因时，他们不用考虑就回答："我们在公司能愉快地找到自己的位置，公司也需要我们。"这就是优秀员工对公司所表现的忠诚，这些忠诚的员工也得到了很好的回报，他们都有公司所奖励的豪华别墅。

显然，任何一家公司都需要这样忠诚的员工。

工作中，有一个普遍的现象，一旦你表现出色，你的老板便会给你更加优厚的待遇，希望你能够继续留在公司。如果你通过实际行动证明了你留在公司的决心，老板会对你更加信任。

从表面上看，忠诚的受益者是老板，其实，你所付出的每一份辛勤，都使你深受公司的信任、老板的重视。在责任与承诺面前，你的忠诚会使你的价值有所升值。

现在，有许多老板都会让员工签订一个合同，或者扣压员工一部分工资。实际上，正是当今工作变动的频繁让老板惊心。他们希望有稳定的人事，如果熟悉工作的员工一个个流失，新来的员工又要一笔不低的培训费，他们会直接面临着利益损失。鉴于此，他们会更加珍视那些自愿留下来的老成员。

忠诚还需要拥有一颗热爱公司的心，有一个人在公司大会上发表了一篇演讲："公司是一个大家庭，我就是她的孩子，我喜欢这个家庭，也喜欢这个家庭中的每一位成员。我到这里以后，我对这个家产生了深刻的依恋和热爱，她以母亲般的宽容关爱着每一个孩子，这其中有我们彼此的关爱、共同成长、共同进步。在我的心里，我愿意为她承担责任，我忠诚于她，这是我对她的回报，也是对她深深的爱和支持。"

一个员工如此热爱自己的公司，又如此忠诚于公司，你能说这样的公司得不到发展吗？

忠诚的人会得到许多荣誉、物质的奖励，而那些不忠诚的人，只会得到别人的怀疑、丢失成功的机会。虽然，你通过忠诚工作所创造的价值大部分并不属于你个人，但是你通过忠诚工作造就的忠诚品质完完全全属于你，因此在人才市场上你将更具竞争力，你的名字也更具含金量。

从某种意义上讲，忠诚于公司就是忠诚于自己的事业，就是以一种新的方式为我们自己所从事的事业做出贡献。

忠诚不仅仅是国家的需要、老板的需要、企业的需要，更是你自己的需要，因为你要靠忠诚来立足于社会，行走于未来。

在当今这个竞争激烈的社会，忠诚受到了前所未有的推崇，很多企业的人力资源管理者已经开始从过去单纯地关注个人能力转变到现在关注个人能力和忠诚度两方面，这是令人欣慰的事。可有些人却认为，忠诚的受益者只有老板，员工不可能从中得到什么，究其原因，是因为他们把忠诚视为一种付出，认为忠诚只是老板的需要。

你在忠诚于企业、老板、上司以及同事的过程中，你能够从中获取更多的价值：你忠诚的同时，也会得到忠诚的回报，当企业发展了，壮大了，你作为企业的一员，难道不会因此感到骄傲吗？如果你所在的企业有幸进入了世界500强，虽说你只是其中的一个部门经理或主管，但你的自身价值是其他一般公司的高层可以比拟的吗？再者，忠诚本身也是生存和发展的一种需要，你自己也从忠诚中受益不少。

企业需要你的忠诚，老板需要忠诚，你同样需要忠诚，因为忠诚背后，你才是最大的赢家。

忠诚不能弃

如果一个人缺乏忠诚，他的其他能力就失去了用武之
地。忠诚是一种能力，它是其他所有能力的核心，因为没
有任何一个企业或老板愿意用一个缺乏忠诚的人。

有一个叫张洛的年轻人，他在一家公司上班。在那里他认
识了一个叫王阳的同事。王阳看到老板非常重视张洛，对张洛
的许多建议都给予采用，于是找到张洛，请求张洛在老板面前
为他多说些好话，让老板重视他。

张洛对于王阳的过去并不是太了解，但他们认识之后，一
直都是好朋友。他也想帮王阳，于是找了一个机会在老板面前
说了王阳的事，希望老板也能重用王阳。

可是老板的回答让张洛很吃惊。因为王阳以前也在一个

公司工作过，后来王阳拿着这家公司的核心技术投入了现在的公司。如果老板重用了王阳，当他再掌握了公司的核心技术以后，有一天，王阳也一定会出卖这个公司的。

许多人在面临忠诚与背叛的选择时，往往让背叛后的一时拥有给蒙蔽了，他们只看到背叛后可以立刻拥有的金钱，却没有看到忠诚后的未来是什么样子。

当然，当为了某种利益背叛公司时，虽然背叛者可以从第三者那里获取一笔不可告人的利益，但是，在事情交易结束后，这种人的品格甚至连第三者都会看不起他。在第三者看来，背叛者的这种行为，如果东窗事发，除了受到法律的制裁外，还会受到道德的谴责，以及来自良心上的不安。

是啊！一个不够忠诚的人，一个出卖公司的人，是不可能得到任何一个老板重用的。有了背叛的第一次，肯定会有第二次，如果重用了这种人，那么，下一个受害者肯定会是你。对于这种人，要采取拒之门外的方法，就算他是公司的老员工，也应该想办法让他另谋高就。

任何一个人只要失去了忠诚，也就失去了人们对其最根本的信任。当你获取了一定利益的时候，你不要为自己现如今的利益而沾沾自喜，因为你所获得的东西可能最终不属于你。你只要静下心来仔细想想，就会明白当你在获得一定利益而沾沾自喜时，你所失去的远比获得的多。

对于一个公司来说，忠诚是非常重要的。忠诚会使公司的效益得到大幅度的增长，也能增加公司的凝聚力，使公司更具竞争力。因为，只有许多对公司忠诚的员工在一起，才能组建起一支忠诚、能干的团队。

《致加西亚的信》里教了我们如何做一名忠诚敬业的好员工：忠诚和敬业是相互融合在一起的。忠诚在于内心，敬业在于工作上尽职尽责、善始善终、一丝不苟、兢兢业业。忠诚是一种责任、一种操守，忠诚还是一种品格。将忠诚和敬业养成一种习惯的人，就能从工作中学到更多东西，积累更多经验，他们会受人尊重，即使没有取得什么了不起的成就，他们的精神也能感染他人，才能引起他人的重视和关注。

在任何时候，企业的资源都是有限的，即使是世界五百强的前三名，也不能保证应有尽有，而且在这样的企业里执行任务，也不是你所想象的那么容易。至于那些处于成长期的中小企业，就更不用说了。所以，不论你所从事的是什么职业，你都应该忠诚于自己的公司，因为忠诚于公司对你来说是有益而无害的。

忠诚的珍贵在于它是执行的动力

> "永远忠诚"是每一个工作人员都应该怀有的工作箴
> 言。永远的忠诚，虽然不可能让你像背叛者那样快速"致
> 富"，但从长远来看可以让你获取事业、前途和荣誉。

克里是一个推销员，在许多推销员中，克里总是比别人起
得早、睡得晚，不管晚上几点了，他都要为第二天需要做的事
做一个准备。每天他要去许多地方，不管是好天气，还是坏天
气，他都一直坚持着。对于克里来说，工作是他的一切，他以
此为生，同时以此体现生命的价值，他忠诚于它，也忠诚于他
的公司。

克里并不是一个健全的人，他有口吃的毛病，说话总是说
不清楚，每一次去找客户都会被许多客户赶出来，但是克里并

没有退缩。克里也特别感谢他的母亲，是她一直鼓励他做一些力所能及的事情，她一次又一次对他说："你能行，你能够工作，能够自立！"

每一次克里想到母亲的话，就会更加努力地工作，对于潜在的客户，他都会上门好几次。对于他来说，他的每一位客户都是他努力的结果。克里以最大的忠诚来支撑自己，即使顾客对产品丝毫不感兴趣，甚至嘲笑他，他也不灰心丧气。就这样，克里取得了成绩。

克里从事推销工作24年的时候，他已经成为公司中，甚至整个地区销售技巧最好的推销员。

进入20世纪90年代时，克里60多岁了。他们的公司也成了几万人的大公司，克里也成了公司历史上最出色的推销员、最忠诚的推销员、最富有执行力的推销员，公司以克里的形象和事迹向人们展示公司的实力，公司还把第一份最高荣誉"杰出贡献奖"给了克里。

克里能够成为推销英雄，原因在于他对工作的忠诚。他的事迹又一次说明了忠诚是执行的最大动力。

如果说，和金子一样珍贵的东西是智慧和勤奋，那么还有一种东西更为珍贵，这种东西就是忠诚，因为忠诚是执行的最大动力。

拿破仑曾经说过："不想当元帅的士兵不是好士兵。不忠诚于统帅的士兵就没有资格当士兵。"

员工对老板的忠诚，能够让老板拥有一种事业上的成就感，同时还能增强老板的自信心，使公司的凝聚力得到进一步的增强，从而使公司得以发展壮大。所以，很多老板在用人时不仅仅看重个人能力、更看重个人品德，而品德最为关键的是忠诚。既忠诚又有很强工作能力的员工是每个老板都心仪的得力助手。

一个忠诚于公司，又能发挥自己能力的员工，无论他到哪家企业，企业的老板都会喜欢他，他同时也能找到自己的位置。而那些背叛公司，为自己谋利益的人，就算能力再强，老板也不会委以重任。

忠诚于公司，忠诚于老板，实际上就是忠诚于自己。忠诚不同于一味地阿谀奉承，它不仅要经受考验，还表现在你的行动上。

有很多时候，企业面临着一些困难，而且在不具备各种各样的条件下，必须去执行一些任务。然而，一些很成功的管理者却懂得应用员工的忠诚来弥补这些困难。可是大部分的领导者却不能，因为在他们的企业里，真正忠诚的人才少之又少。因此，每一个企业在选择用人时，都应该把忠诚排前，然后才是执行力，因为那些缺乏忠诚执行力又强的"能人"是可怕的。

　　生活当中，我们行动的动力不是来源于那些物质的诱惑，而是来源于精神上所追求的目标。这种追求所给予的动力大小，又来自于我们的忠诚度。我们越忠诚于心中的追求，就越能全力以赴。

　　许多陌生人可以组成浩浩荡荡的一支铁军，到处展开征战，这是对和平统一的忠诚；员工每天都在夜以继日的工作，是对事业的忠诚；我们每个人对国家、社会所做的贡献，是对国家、民族的忠诚。这些忠诚都是每一个生命存在的理由，当一个人缺乏忠诚对象的时候，他也就失去了对生命的眷恋。

　　有一位很成功的老板，给他的员工画了一幅图，他在图上标出的是员工在完成一件难度大，而且没有任何资料的任务时，员工的忠诚、个人能力、公司的支持及其他因素等所占的比例。在图上可以看出，这项任务完成的过程中忠诚发挥了70%的作用，而其方面只占了30%。由此，我们更加清楚了忠诚对于执行的重要性。

忠诚的员工知道在执行中创造条件，在执行中去积累资源；相反，缺乏忠诚的员工只会等、靠、要；任务完不成，他们也有借口：现在条件还不具备，不能责怪我！

忠诚造就团队

　　　　永远忠诚，在企业里非常有价值，永远忠诚应该作为
　　每一个员工的工作箴言。在当今世界，有很多历经百年仍
　　然生机勃勃的公司，这些公司之所以能长盛不衰，原因在
　　于这些公司始终有一批永远忠诚的职员。

　　有三个很有才能的学生，他们大学毕业后，共同创办了
一家文化公司，对于这个公司，大家都抱着能够创造出辉煌的
态度。因为他们都相信，在大学期间是优秀学生的自己有这个
能力。可是事与愿违，转眼几年过去了，这三个人开办的公司
并没有创造出辉煌，而且很快面临着关门的境地。这是为什么
呢？其实原因就出在这三个人身上，他们三个都是优秀者，每
个人对任何一件事都有很好的见解，他们谁都想采用自己的见

解，可是到了最后谁的见解都没有采用，于是他们三人都想出去自己创办企业，对现在的公司失去了忠诚。

这三个人所开办的公司是一位很有经验的投资者投资的，当他知道这件事后，他立刻对这个公司做了一些调整，把其中的两位都调到其他地方各自开办自己的企业，留下来的再配给得力的助手。这个决定对于他人来说，意味着这家公司肯定玩完了，因为三个优秀的人才都没能做好，更别说现在走了两个。

出人意料的事却发生了，调整后的一年多，这个公司突飞猛进，很快就有了巨大的利润。而另外开办分公司的两个人，也同样把公司做得红红火火，都给公司带来了很大的利润。

究其最终原因，是因为三个年轻人缺乏对团队的忠诚。一个缺乏忠诚的团队，即使拥有第一流的人才，也不可能具备战斗力。三个能人共事让企业举步维艰，三个能人分开创业却取得好业绩，恰好说明这一点。

在一个团队组织里，只有让每一个成员对企业忠诚，才能发挥团队力量，才能形成一种合力，使大家劲往一处使，不断推动企业向前发展。同样，任何一个员工只有具备了忠诚的品质，才能取得事业的成功。

　　在我们的工作中，只要我们能够对公司忠诚，对工作勤奋，我们就会赢得老板的信赖，从而得到晋升的机会，并委以重任。所以说，在我们的工作中，只有踏踏实实地工作，才能不断进步，才能在不知不觉中提高自己的能力，从而得到成功的筹码。

　　一个优秀的团队，都是由那些忠诚于企业的优秀者们组成的。如果这些优秀者们，都优秀到了不可替代的地步，那么这家企业不成为一流的企业都不行。忠诚于团队，就是忠诚于企业，就是忠诚于你自己。所以，忠诚于团队，最大的受益者，还是你自己。

　　没有任何一个团队，在没有忠诚的情况下可以很好地合作，可以把所有的工作都做好。没有忠诚的团队，只能是一盘散沙，一盘散沙能有力量吗？

　　张其金是一家文化公司的老板，他公司的团队，只遵循四个简单的原则，这是每一个到他公司的员工都应该遵循的原则，也正是如此，他的公司很快就发展起来了。

　　（1）忠诚。每一位员工都应该忠诚于团队、忠诚于公司、忠诚于老板、忠诚于自己。

（2）要精不要多。要那些能和同事打成一片的人。通常能和同事打成一片的人，往往能胜过一群不能很好相处的人。

（3）自控能力。每一个员工，都需要具备良好的自控能力，要能在任何情况下都控制好自己的情绪。

（4）良好合作。在任何时候，员工都需要有统一的步伐。

张其金很重视团队的合作性，也很重视有效团队的建立。他认为建立一个有效的团队，需要注意四个基础和六个关键的因素。

建立有效团队的基础：

（1）公司里的每一位员工，都要对自己的同事有所了解，只有了解了自己身边的同事，才能更好地彼此协调工作。

（2）每一位员工都需要对自己有一个明确的目标定义，需要清楚自己的位置、工作。而且这些目标是由团队的目标分割而来的，当这些目标集合起来就成了团队的目标。

（3）一个团队的形成，需要用共同的价值来维系，所以要清楚团队的价值是什么。

（4）一个团队，只能有一个目标，当这个目标完成时，才能有第二个目标，所以团队需要具备目标的唯一要求。每一个团队成员也要清楚团队的使命是什么，自己该为这一使命奉献什么。

六个关键的因素是：忠诚团队、工作设计、团队构成、团队资源、团队工作过程及管理。

对于忠诚团队，必须排在最前端，因为一个缺乏忠诚的团队，即使个个都是全能冠军，也未必是成功的团队。

现实情况是，无论我们对公司忠诚，还是对我们所在的团队忠诚，最大的受益者是我们，而不是别人。当我们在一个团队中发展的时候，我们总是要通过团队目标来体现自我价值。如果我们脱离了团队，或者被团队遗弃，靠我们单打独斗去实现自我价值，那是根本做不到的，所以说，当我们在为团队作奉献的时候，其实也是在为我们自己作奉献。只有我们为团队付出，我们也才能得到团队的帮助，只有我们忠诚于团队，我们才能创造优秀的团队。

第七章

让责任成为一种信仰

什么是责任

　　我们所生存的世界是相依为命的世界，所有生存在这个世界的人都需要共同努力，郑重地担当起自己的责任，这样我们才会有生活的宁静和美好。如果一个人懈怠了自己的责任，那么这个人就会给别人带来不便和麻烦，甚至是生命的威胁。

　　1968年墨西哥奥运会比赛中，最后跑完马拉松赛的一位选手，是来自非洲坦桑尼亚的约翰·亚卡威。他在赛跑中不慎跌倒了，拖着摔伤且流血的腿，一瘸一拐地跑着。所有选手都跑完全程后很久了，他还在跑，直到当晚7点30分，约翰才跑到终点。这时看台上只剩下不到1000名观众，当他跑完全程的时候，全体观众起立为他鼓掌欢呼。之后有人问他："为何你不放弃比赛呢？"他回答道："国家派我从非洲绕行了3000多公里来此参加比赛，不是仅为起跑而已——要的是完成整个赛程！"

是的，他肩负着国家赋予的责任来参加比赛，虽然拿不到冠军，但是强烈的使命感使他不允许自己当逃兵。责任就是做好赋予你的任何有意义的事情。

一个具有高度责任感的人，无论做什么事，他都会坚强地去完成，勇敢地去承担责任，他也会用关怀和理解去对待责任。因为在他看来，当他对别人负责任的同时，别人也在为他承担责任。

在家里我们要对家庭负起责任，因为责任让家庭充满爱。社会同样需要责任，因为责任能够让社会安全、平稳的发展。我们的企业也同样需要责任，因为责任让企业更有凝聚力和竞争力。

什么是责任呢？责任就是对自己所负使命的忠诚和信守，责任就是对自己工作出色地完成，责任就是忘我的坚守，责任就是人性的升华。总之一句话，责任就是做好社会、领导、亲人或自己赋予的任何一件有意义的事情。

责任是一种与生俱来的使命，当我们来到这个世界的时候，它就伴随着我们的生命走向终结。但是，在实际生活中，只有那些勇于承担责任的人，才有可能被赋予更多的使命，才有资格获得更大的荣誉。看看那些缺乏责任感的人或不负责任的人，他们不仅失去的是社会对他们的认可，还失去了别人对他的信任与尊重，甚至也失去了自身的立命之本——信誉和尊严。所以，无论做什么事，都要把自己的责任牢记心中，只要心中有责任感，即使是付出自己的生命也心甘情愿。

一个三口之家在春天到来时走上了他们的幸福之旅，父母和孩子脸上是喜气洋洋的，本来一切都是幸福美好的。但他们不知道的是，正是这次的游玩让他们走进了灾难。

为了更好地看风景，一家三口坐上了高空缆车，从高空看外面的景色真是美不胜收，三人都非常高兴。但随之而来的是，缆车突然间从高空坠了下来。这时所有的人都意识到灾难来了，因为缆车太高了，人们都认为他们一家死定了。但最后营救人员却从坠下的缆车里带回了唯一的一个人，就是那个三口之家当中的孩子，一个5岁大的孩子。

一位营救人员回忆说："在缆车坠下时，是他的父亲将他托起，是他的父亲用自己的身躯阻挡了缆车坠下时的撞击，因此救了孩子。"

听到这里所有的人都震撼了，这就是父母在生命最后一刻仍旧没有忘记自己的责任而带来的震撼，他们的责任是保护孩子，所以在最危难的瞬间，父亲用自己的双肩托起了自己的孩子，为他夺得了一次重生的机会。

这就是责任，这就是责任所需要的理由。认识了责任的理由，我们就要清醒地意识到自己的责任，并勇敢地扛起它，无论对于自己还是对于社会都将是问心无愧的。人可以不伟大，人也可以清贫，但我们不可以没有责任。任何时候，都不能放弃肩上的责任，扛着它就是扛着自己生命的信念。

上述故事所带来的责任我们称为亲情责任，亲情的责任让大家感动，友情的责任让大家感到幸福，爱情的责任让大家感到忠诚。为此，我们不能推卸责任，因为我们推卸了责任就等于伤害了我们的亲情、友情、爱情。我们的社会需要责任，因为责任能够让社会平安、稳健地发展；我们的企业需要责任，因为责任让企业更有凝聚力、战斗力和竞争力。

森林里，一只母狮子正给小狮子喂奶，它没发现危险的到来——猎人正悄悄地走近它。当它感觉到危险的时候，猎人已经举起了长矛。母狮子为了救孩子，放弃了逃跑，而是冲着猎人怒吼而去。发怒的狮子极其凶猛，把猎人吓傻了。因为在一般的情况下，狮子看到猎人拿着长矛早就跑得没影了。可这次的情况不一样，当猎人看到狮子凶怒的样子时，早已顾不得刺向狮子了，而是掉头就跑了。母狮子最终凭着自己的勇敢，救了自己的孩子。

我们当然可以认为这是母狮子的本能，它的趋利避害的本能，为什么在一刹那间，它没有选择逃跑而选择了迎向危险？答案只有一个：因为它是母亲，它要尽到母亲的责任。

动物尚且如此，那么我们人类又当如何呢？道理是相同的，当我们坚守责任时，就是在坚守最根本的义务。

无论从事的是什么样的工作，只要能认真、勇敢地担负起责任，你所做的就是有价值的，你就会获得尊重和敬意。有的责任担当起来很难，有的却很容易，无论难还是易，不在于工作的类别，而在于做事的人。只要你想、你愿意，你就会做得更好。

我们工作不仅仅是为了钱、为了生存，工作还是一种需要，是寻找自己价值的一种需要。工作和事业满足了大家自我实现的需要，而人的这种最高需要则是工作所带来的认同感、满足感，所以我们更加不能推卸责任，因为责任还代表着自身的价值体现。

责任是一种信仰

> 无论是谁都要肩负着对工作、对家庭、对亲人、对朋
> 友的责任。只有对身边的人和事负责，我们的行为才会有
> 所约束，我们才会得到别人的尊重。

曾威是一家公司的生产工人，有一次，他主动向经理请
缨，申请加入营销部门。当时，公司正在招聘营销人员，经理
很快同意了。

那时候公司还很小，只有20多个人。公司面临着许多要开
发的市场，可是公司没有足够的财力和人力来支持销售部门。

因此，曾威一个人到了南方，在这个新环境里，曾威没有任何朋友，连最基本的吃住都成问题，但心中对企业的忠诚以及对工作机会的珍惜使他丝毫没有退缩。没有钱乘车，他就步行，一家家单位去拜访，一家家单位地去介绍公司的电器产品。有时候，为了等一个约好见面的人而顾不上吃饭或者为了见客户早上4点钟就起床。

当时曾威的情况很糟糕，他住的地方是一间闲置的车库，由于只有一扇卷帘门，而且没有电灯，晚上门一关，屋子里就没有一丝光线，一到夜里老鼠成群结队地"载歌载舞"。冬天的寒冷对于曾威来说也是一个沉重的考验，但是曾威一点都不在乎。有一段时间，连产品宣传资料都供不上，曾威只好买来复印纸，自己用手写宣传资料。

就在这样艰难的条件下，曾威坚持了下来，他对自己说："这是我的工作，我不能抛弃它。"

曾威是一个例外，除他之外，公司派往各地的营销人员大部分不堪工作的艰辛而离职了。当然，最好的员工自然得到最好的回报，几年后，曾威被任命为市场总监，这时，他们的公司已经是一个拥有员工上千人的大型企业了。

上面的故事提醒我们，如果我们渴望成功，就必须承担在走向成功的过程中所面对的压力和责任。

从责任来讲，生活中的任何一项事业，都存在着一种无形的精神力量，这种力量使我们敢于去承担责任，从而使得承担和履行责任变成我们的职责和使命。

拥有忠诚，才能拥有责任。同样，拥有了责任才能拥有忠诚。所以，在当今社会，越来越多的企业，已经把员工是否具有责任感作为选人、用人、留人的一种标准。这种标准也成为许多企业的一种准则、一种核心的价值观和理念。

在世界五百强的前十名企业里，他们的员工都把自己的工作视如生命一样的珍贵，对待工作总是精益求精，所以这些大企业里生产的产品都是无可挑剔的。这就是责任在这些大企业的员工身上所散发的力量。

社会学家戴维斯说："放弃了自己对社会的责任，就意味着放弃了自己在社会中更好的生存机会。"工作本身意味着责任，在这个社会当中，没有不需要承担责任的工作。职位越高的人、权力越大的人，所要承担的责任越大。

当我们对工作充满责任时，在工作中就可以学到更多知

识，积累更多经验。如果我们坚持下去，工作成果就会很快地
体现出来。不过，但我要告诉你，当你把懒散、敷衍塞责形成
一种习惯时，在你做起事来时，就会华而不实，在工作中你就
会玩忽职守，你如果这样做了，人们就会轻视你的工作，轻视
你的人品。

责任感是我们战胜工作中所有困难的强大精神力量，使我
们有勇气排除万难，甚至可以把"不可能完成"的任务完成得
相当出色。失去责任感，即使做我们最擅长的工作，也会做得
一塌糊涂。对于任何人来说，是不是人才固然关键，但最关键
的还在于你是不是一个真正意义上负责任的员工。

古希腊的雕刻家菲迪亚有一次被委托雕刻一座雕像，在
雕像完成以后要支付薪酬时，委任方以任何人都没有看见菲迪
亚雕刻雕像的过程而不给薪酬。为此菲迪亚做了反驳，他说：
"不，你们都错了，当时上帝看见了，因为我在接受这件工作
的时候，上帝一直都在注视着我的灵魂！他知道我是如何把这
座雕像完成的。"

为什么菲迪亚会这样说呢？因为菲迪亚相信他自己的努力
上帝已经看到了，而且他相信，他所负责完成的作品是一件完
美的作品。事实也确实如此，几千年后的今天，他的作品已经

成为许多人赞赏的杰出艺术品。

　　是啊，如果你在接受一项工作的时候，都像菲迪亚那样珍惜，而且负责任地去完成，那么，你就找到了为世界做出贡献的途径。在经历的过程中，你会发现工作的乐趣及人生的意义。

有责任才有绩效

> 那些成功的管理者都是负责的管理者，他们只关注于结果，并想尽一切办法去获得结果。他们对借口不感兴趣，从来不愿意花费精力和资源去为没有做出业绩而找理由，这是因为他们对自己负责。

老刘是一位雕刻师父，他非常喜欢雕刻，可以说他把一生都奉献给了雕刻事业。他雕刻的作品，每一件都是优秀的。半辈子的雕刻生涯，刘师父已经年近60岁，他觉得这是该退休的年龄了，于是他告诉老板，自己准备回家，去安度晚年，享受天伦之乐。老板想将这位素以认真负责著称的雕刻师父再留一段时间，并许诺支付双倍的工资，老刘还是拒绝了。最后老板请求老刘再雕刻一件作品，老刘勉强答应了，于是老板把最好的一块木头给了老刘，让他雕刻。

老刘开始雕刻他最后一件作品的时候，大家都有所发现，虽然和以前是一样的刻刀，一样的环境，但老刘的心思已经不在这里，他雕刻的这件作品虽然很好，但和以前所雕刻的那些相比，仍然有一些距离。

一段时间后，老刘雕刻的作品已经完成，于是向老板辞行。在他走的时候老板把那件作品送给他，并说道："老伙计，我知道你很喜欢雕刻，这是我这里最好的一块木料所雕刻的物件了，也是你最后雕刻的一件作品，是我送给你的一份礼物，希望你未来的日子里，身体越来越好，生活也越来越快乐。"

老刘双手接过那件作品，半天说不出一句话，接着泪流满面，羞愧得满脸通红，最后老刘放声大哭起来。老刘为自己最后的败笔而痛苦不已！

未来的日子里，老刘看着那件自己不负责任所雕刻出来的物件就伤心，虽然他的表面上很开心，但是他心里一直都接受良心的审讯，直到他死亡的那天。

在现实生活中，我们许多人何尝不是这样？也许一生都勤勤勉勉，刻苦努力，最后却放弃了原则和理想，于是不得不品尝自己一手造成的苦果。虽然很后悔，但是为时已晚，已经没有改正的机会了。

同样一个人，同样的一件事，为什么前后会有如此大的差距呢？这说明的不是因为老刘技艺减退，而是因为他失去了责任感。

对我们而言，无论做什么事情，都要记住自己的责任，无论在什么样的工作岗位上，都要对自己的工作负责。

希拉斯·菲尔德先生在退休之前攒了一大笔钱，如果是别人一定会选择安然地度过晚年，然而希拉斯·菲尔德先生却忽发奇想，想在大西洋的海底铺设一条连接欧洲和美国的电缆。随着他的突发奇想，希拉斯·菲尔德先生越来越按捺不住自己的欲望。于是，他开始全心地推动这项事业。

菲尔德使尽全身解数，从英国政府那里得到了部分资助。然而，他的方案在议会上遭到了强烈的反对，不过，菲尔德先生最终以1票的优势取得了胜利。他找到了停泊于塞巴斯托波尔港的英国旗舰"阿伽门农"号和另一艘美国海军新造的豪华护卫舰"尼亚加拉"号来帮他铺设电缆。

第一次电缆铺设到5英里时，突然被卷到机器里面弄断了。菲尔德不甘心，又做了第二次铺设，可是电缆铺设刚到一半，轮船突然发生严重倾斜，这次铺设又以失败而告终。对于这样的打击菲尔德并不在意，又进行了第三次，这次铺设了200英里，在距离"阿伽门农"号20英尺处又断开了，两艘船最后不得不返回到爱尔兰海岸。

第三次的失败后很多人都泄气了，公众舆论也对此流露出怀疑的态度，投资者也对这一项目没有了信心，不愿意再投资。这时候，除了菲尔德和他的一两个朋友外，几乎所有人都感到绝望。但是，菲尔德先生仍然在坚持不懈地努力，他最终又找到了投资人，开始第四次尝试，这次仍然失败了，在电缆铺设横跨纽芬兰600英里时，电缆突然折断掉入了海底。他们打捞了几次都没有成功。于是，这项工作就此耽搁了下来，而且一搁就是一年。

但所有这一切困难都没有吓倒菲尔德。他又组建了一个新的公司，继续从事这项工作，而且制造出一种性能远优于普通电缆的新型电缆。

1866年7月13日，第五次铺设工作又开始，并且最终顺利接通，发出了第一份横跨大西洋的电报！电报内容是："7月27日，我们晚上9点到达目的地，一切顺利。感谢上帝！电缆都铺好了，运行完全正常。希拉斯·菲尔德。"不久以后，原先那条落入海底的电缆被打捞上来，并且重新接上，一直连到纽芬兰。

　　这个例子能说明什么呢？不只说明了责任的问题，还说明了一个坚持的问题。这其中，如果没有菲尔德先生对这件事情所负的责任，根本不可能成功。同时，如果菲尔德先生没有坚持、永不放弃的精神，也一样不可能成功。

做个负责的人

> 无论你从事什么样的工作，只要能认真、勇敢地担负
> 起责任，你所做的就是有价值的，你就会获得尊重。有的
> 责任担当起来很难，有的却很容易，无论难还是易，不在
> 于工作的类别，而在于做事的人。只要你想、你愿意，你
> 就会做得很好。

居里夫人是一位杰出的科学家，同时也是一位非常优秀的
母亲，她一直用神圣的母爱滋润着孩子们的心，并从整个科学
生涯和人生道路上体悟出一个道理：人之智力的成就，在很大
程度上依赖于品格之高尚。

居里夫人和她的爱人是在她28岁时结婚的。两年后，居里
夫人刚好30岁，她们的第一个宝宝出生了，那是一个女儿。在

大女儿5岁的时候，她们的第二个女儿也出生了，当时正是居里夫人发现新放射性元素和镭的阶段。忙碌完每天无休无止的实验以后，还得给宝宝和丈夫做饭，当这一切都做完以后，居里夫人的劳累我们可想而知。但是，这样的忙碌并没有影响她把自己的爱倾注给两个孩子。居里夫人一直都坚持着每天去工作之前，一定要检查孩子是否吃得好、睡得好等，这样她才能安心地去工作。

居里夫人一直认为，母女之间的感情与心灵的交融，必须靠自己的努力才能做到。她认为，保姆并不足以代替母亲的爱，所以很多事情她都亲自动手。居里夫人不愿意为了世界上任何事情而影响孩子的生长发育。所以，即使在工作最苦最累的日子里，她也要留出一些时间去照顾孩子，她常常给孩子洗澡换衣，给孩子缝破裂的裙子。居里夫人还为孩子准备了两个记事本，上面每天都记着她为自己孩子需要做的事和孩子每天的生长状况。这种记录一直都坚持着，直至孩子成长为大人时才终止。

居里夫人还认为负责的品格对一个人的智力发展起着很重

要的作用，所以她把自己一生追求事业和负责的精神都延伸到孩子的身上，她注重利用各种机会给自己的孩子带来良好的影响。在居里夫人的精心培育下，她的两个孩子都非常优秀，大女儿荣获了诺贝尔奖，二女儿也成为一位杰出的音乐教育家和作家。

　　有一位企业家说过这样的一段经典话语："职员必须停止把问题推给别人，应该学会运用自己的意志力和责任感，着手行动，处理这些问题，让自己真正承担起自己的责任。"

　　确实如此，在工作和生活中，有些人总是抱着付出少许，获取更多的思想行事。在这种情况下，不负责任的问题就出现了。如果他们能够花点时间，仔细考虑一番，就会发现，人生的因果法则首先排除了不劳而获。因此，他们必须要为自己身上所发生的一切负责。换句话就是：要对自己负责，要做一个负责的人。

责任让你获得尊严

一个意志力坚强的人，一个敢作敢为的人，一个勇敢的人，这个人必定是一个具有责任感的人。因为他深深地知道，当他在对别人负有责任的同时，别人也在为他承担起责任；当他在为别人负起责任的同时，他就获得了属于自己的尊严。

李菊几年前从北京回贵州过春节，她坐的是软卧下铺，在她床铺上面是一位孕妇，李菊为了孕妇的安全于是和她对换了床铺。

第一天她们聊得很开心，第二天晚上9点半她们就可以到达目的地了，在离目的地还有3小时的路程时，那位孕妇突然要临盆，李菊立刻找了列车员，列车员知道后马上用广播在全车寻找妇产科医生。一段时间以后，车厢里没有任何的回应，她们都很着急，列车员又发出几次寻找妇产科医生的广播，可是妇产科医生迟迟找不到，情况越来越紧急，正当大家失望的时候，李菊站了出来，她说自己曾是一家医院的妇产科护士。于是列车长让李菊立即着手救治行动。

当一切需要的工具准备好以后，李菊非常着急地走了出来，她告诉列车长，她虽然是妇产科的护士，但是由于一次医疗事故，医院把她开除了。今天这个产妇的情况很不好，人命关天，她没有信心去处理这件事，建议立即送往医院抢救。

这时列车正在高速地行驶，要想到达最近的一个车站还有2个多小时，列车长很清楚当时的情况，于是郑重地对李菊说："你虽然只是护士，但在这趟列车上，你就是医生，你就是专家，我们相信你。"

列车长的话感动了李菊，她准备了一下，走进了那间临时的产房，在进入产房前她问列车长，在万不得已的情况下是保住小孩还是大人？

列车长没有肯定地回答她，只对她说了这样一句话："我们相信你。"

李菊郑重地点了点头，然后开始她的救治行动。

一个多小时过去了，李菊成功地帮助产妇生下了可爱的小宝宝。

是啊，李菊的成功是因为责任感，因为信任。列车长给李菊的信任让她战胜了自我，完成了使命，也找回了自己的信心和尊严。

不论你身任何职，你都应该静下心来，踏踏实实努力工作。你应该知道，只要把时间、努力、勤奋用在一个地方，你就会在这个地方获取成就。只要你勇于负责、认真地工作，你的成绩就会被大家认同，老板也会把你的所作所为记在心里，这样你就会获取老板的赞赏和鼓励以及同事的尊重。

许多企业成功的都是许多负责任的员工努力的结果。这些员工不会懈怠自己的责任，他们永远都忠诚于自己的使命，不会找借口为自己不能很好地完成任务而开脱。即使他们自身的任务已经完成，也会去找一些不属于自己分内的工作来做，主动去承担那份责任。在任何情况下，他们所考虑的都是不放弃自己的工作，尽最大的努力把工作做好。

杰克和爱尔去同一家公司面试，他们两人的表现都非常出色，公司对于到底聘用他们两人中的哪一个很难做决定，于是给了他们一个同样的任务，要他们两个到非洲的一个岛上去推销鞋子，最后再决定录用谁。

杰克和爱尔都满怀信心地去了。

一个月之后，爱尔首先回来，他没有拿出任何成绩，只是对经理说："并不是我推销不出去产品，而是那个岛上的人根本不穿鞋子，我没有办法，所以我在那里找不到市场，在那里去推销鞋子简直就是一种浪费。我认为一个优秀的人才，应该到一个适合他工作的地方去。因为优秀的人才不会走任何一条弯路。"

几天后，杰克也回来了，他非常的高兴，他对经理说："那个地方的市场太大了，简直超乎我的想象。那里的人根本不知道穿鞋子的好处，于是我想尽办法让他们试着穿鞋子，如果好就买回去。就这样，我获得了他们的认可，我带去的产品很快就销售一空，还拿到了许多订单。"

结果很明显，杰克最终受到了公司的聘用。老板给他们的一句话是："一个优秀的员工，绝对不是故步自封的，他能创造出自己的价值，不论在任何地方都一样。"杰克用行动告诉我们，他是一个值得被重用的人，他的行动也表现出了他对工作的敬业、负责。

杰克的例子告诉我们，一个人只要能够为工作负责到底，不去强调工作的过程如何辛苦，而是把最终完成任务的结果告诉老板，那么他负责的态度将会为他赢得老板的赏识。

生活当中，有许多人对自己没有信心，认为自己地位低微，别人所拥有的成就，不属于自己，别人所拥有的尊严，自己也不配享有。可是，他们不知道，想赢得别人的敬重，让自己活得有尊严，就应该勇敢地承担起自己的责任。即使没有良好的出身、优越的地位，只要能够对自己的工作负责到底、勤奋努力工作就会赢得他人的敬重和支持。所以，在工作中，应该要求自己具备一种勇于负责的精神。这样，才会获得别人的敬重。

尽职尽责

只要我们能够尽职尽责，我们就会全心地付出，我们就会有勇气去挑战困境，我们就会培养起战胜一切困难与挫折的决心。所以说，尽职尽责是对工作职责的勇敢担当，是对工作环境的积极适应，也是对自己所负使命的忠诚和信守。

一位刚下飞机的外国客人坐上了一辆出租车，车内的情况让他大吃一惊：车上铺着羊毛毯，地毯边上还缀着鲜艳的花边，玻璃隔板上镶着名画的复制品，车窗一尘不染……

外国客人惊讶地对司机说："我从没坐过这样漂亮的出租车。"

司机笑着回答："谢谢你的夸奖。"

外国客人又问："你是怎么想到装饰你的出租车的？"

这时，司机给外国客人讲了这样一段话：

车不是我的，是公司的。我应该对我的公司、我本人以及我的出租车负起责任。多年前，我在公司做清洁工的时候，每辆出租车晚上回来时都像垃圾堆一样，地板上堆满了烟蒂和垃圾，座位或车门把手上甚至有一些黏稠的东西。我当时就想，如果他们对公司或出租车多负一些责任，应该就会有清洁的车给客人坐，客人心情好了，也许会多为别人着想一点，经济价值也就出来了。

后来我领到了出租车牌照，我就按自己的想法把车收拾成了这样。每位客人下车后，我都一定要为下一位客人把车打扫干净，即使是晚上回到公司，我一样会把出租车擦得干干净净，这是我对公司应负的责任。

这位司机做到了对公司、对他自己、对车负责任，所以他得到的收入总比别人多，他得到的赞美也比别人多。所以，工作就意味着责任，每一个职位所规定的工作内容就是一份责任，你做了这份工作就应该担负起这份责任，每个人都应该对所担负的责任充满责任感。

　　我在一本书上找到了关于对"尽职尽责"的解释。

　　这本书上是这样说的："尽职尽责是一种全心地付出。尽职是一种挑战困境的勇气，尽责也是战胜一切的决心。尽职尽责是对工作职责的勇敢承担，是对工作环境的积极适应，也是对自己所负使命的忠诚和信守。"

　　一个尽职尽责的人，一个勇于承担责任的人，会因为这份承担而让生命更有分量。

　　管理学家认为，尽职尽责首先是员工的一份工作宣言。在这份工作宣言里，你首先要表明的是你的工作态度，你要以高度的责任感对待工作，不懈怠工作，对于工作中出现的问题能勇敢地承担，这是保证工作能够有效完成的基本条件。尽职尽责让人坚强，尽职尽责让人勇敢，尽职尽责也让人知道关怀和理解。因为你对别人尽职尽责的同时，别人也在为你承担责任。无论你所做的是什么样的工作，只要你能认真、勇敢地担负起责任，你所做的就是有价值的，你就会获得尊重。

　　尽职尽责不在于工作的类别，事实上，不管做什么事都需要全心全意、尽职尽责，因为尽职尽责是培养敬业精神的土壤。如果在工作中没有了职责和理想，你的生活就会变得毫无意义。所以，不管从事什么样的工作，平凡的也好，令人羡慕的也好，都应该尽职尽责，在敬业的基础上不断取得进步。即使你的工作环境很艰苦，如果能全心地投入工作，最后你获得的不仅是经济上的宽裕，还有人格上的自我完善。

无论做什么事都需要尽职尽责，它对你日后事业上的成败起着决定作用。即使你的职业是平庸的，如果你处处抱着尽职尽责的态度去工作，也能获得极大的成就。

尽职尽责还需要持之以恒。功亏一篑的例子太多了，比如说：水烧到99°，你想差不多了，于是不再烧了，那么，你永远喝不到真正的开水。在这种情况下，99%的努力也等于零。

无论做什么工作，都要沉下心来脚踏实地地去做。要知道，只要你的努力是持之以恒的，你把时间花在什么地方，就会在那里看到成绩。

也许你是一个不错的员工，上司会信赖地指派你去办个小差事，你能保证把任务完成吗？如果你前往办事的地方是有名的旅游胜地或是你久未见面的朋友故乡，你会不会忘了尽职尽责？你会不会放松你的责任心？事实上，每个人在接到一项任务时，都会有压力和厌烦感，有时他们不能克制自己，他们会因为外界的诱惑而不能把精力投入到工作中去。所以说，能否努力克制自己是尽职尽责的员工和平庸员工的最大差别。